徐晋林，1962年1月生于陕西宝鸡，祖籍山西武乡。1986年毕业于西安美术学院工艺系，本科（艺术学学士），民革党员。现在读者出版集团、甘肃教育出版社从事书籍设计工作，编审。中国出版协会装帧艺术委员会常务委员，《中国装帧艺术年鉴》编委，甘肃省出版协会装帧设计学会常务副会长兼秘书长，甘肃省科普作家协会科普美术、科普新闻创作委员会主任，甘肃·中国传统文化研究会理事。

游弋在**方寸天地**

Cruising in the Tiny World

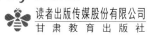

读者出版传媒股份有限公司

甘 肃 教 育 出 版 社

徐晋林书籍装帧设计艺术

Xu Jinlin's
Book Graphic Designing Art

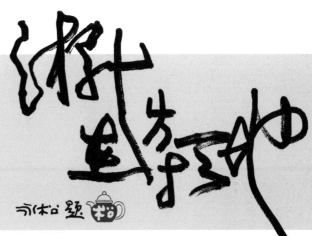

徐晋林书籍装帧设计艺术

读者出版传媒股份有限公司
甘肃教育出版社

图书在版编目（CIP）数据

游弋在方寸天地：徐晋林书籍装帧设计艺术 / 徐晋
林著．-- 兰州：甘肃教育出版社，2014.8
ISBN 978-7-5423-3202-8

Ⅰ．①游… Ⅱ．①徐… Ⅲ．①书籍装帧—设计 Ⅳ．
① TS881

中国版本图书馆 CIP 数据核字（2014）第177932号

出　版　人：吉西平

扉页题字：黄永松

特邀编审：刘延寿

责任编辑：金海峰

书籍设计：徐晋林设计工作室

制作排版：张小乐　魏　婕　朱生银　雷们起

游弋在方寸天地：徐晋林书籍装帧设计艺术

徐晋林　著

甘肃教育出版社出版发行

（730030　兰州市读者大道 568 号）

www.gseph.com　0931-8773056

深圳市国际彩印有限公司

开本 889 毫米 × 1194 毫米　1/16　印张 11　插页 8　字数 332 千

2014 年 11 月第 1 版　2014 年 11 月第 1 次印刷

印数：1 ~ 1 300

ISBN 978-7-5423-3202-8　定价：128.00 元

书籍设计家的职业追求

（序　言）

读完晋林《游弋在方寸天地——徐晋林书籍装帧设计艺术》（以下简称《晋林书籍设计艺术》）书稿的清样后，非常兴奋！这不仅是因我的提议促成了一本很有文化价值的书籍的出版，更在于我对晋林有了更多的了解和进一步的认识，以至内心有一种深深的敬意和钦佩。晋林谦称：自己一辈子就干了巴掌大的一件事。闻其言，不禁想起一位智者曾经说过的一句名言："美丽的花朵往往开在无人知晓的地方。"这句名言的本意大致有几层意思：一是，越是人们不愿涉足或者涉足甚少的领域，有心者往往能干出一番事业；二是，有些冷僻甚或不起眼的行业分工，往往能创造奇迹；三是，兴许真理恰恰就在那不被人们关注之处隐蔽着。晋林之"巴掌说"虽是他自己的谦词，但我们绝不会作字面上的解读。他在书籍设计这"方寸"天地确实干出了一番圆满的事业。他从上世纪80年代末开始在甘肃人民出版社从事书籍设计工作，迄今已有近30年的光景。《晋林书籍设计艺术》正是他近30年来书籍设计生涯的一个圆满的总结，是他辛勤工作成果的展示。

晋林是个做事一丝不苟的人，从《晋林书籍设计艺术》的内容、框架结构和装帧设计作品等的安排，处处都能感受到。本书收录了146帧书籍设计作品，堪为晋林在此行当辛勤耕耘的佳作。部分作品的设计思路、文化内涵以及同书稿文字作者和责编沟通的过程，都附有一篇详尽的评点文章，使书籍设计作品不但能会意，而且能言传；而每位评点者对书籍设计作品的评点、感悟，以及书稿文字编辑与其合作过程中的趣事、杂事，更有身临其境的感受。参与评点的学者、出版人、资深编辑（包括活佛、喇嘛）等，有30多位。他们的评点文章朴实无华，言之中肯，颇有感情，其中有不少堪称美文。书中所收设计作品，都进行了有

创意的拍摄，许多图文经过重新设计编排，呈现了一种新的审美效果，读者也可以从中获得别样的阅读体验。正是因为有此特质，晋林这本书已不局限于书籍设计层面，而是更广义地谈图书出版学和编辑学之书，谈敦煌、谈佛道释、谈传统文化，是一本谈文化的书。

书籍设计本质上是一种文化创造，对创造成果的评判，本身并无标准，而是一个仁者见仁、智者见智的事情。杭州佛学院副院长刚晓法师当拿到晋林为他的专著《〈解能量论〉法云释》时第一眼看到封面，第一个念头就是：这是大海！"心明海饰龙王胜……"把封面设计成大海是要体现因明学的理论体系吧？——我以己心猜度，应该是这样的意思吧。"不对"，同修反驳说，"这是云。"他这一提，也确实像……封面设计成云，是佛教的象征。刚晓法师说："第一次拿到书的时候，几位同修在我这儿就辩扯开了，至于到底是表达的什么？应该是根本没有标准答案吧？那就仁者见仁、智者见智好了，能够引起大家的发散思维，我想，这也许是书籍设计家徐先生留给读者充分思考的空间，这就已经是极妙之处了。"可见，设计要取得作者的认可、编者的青睐是一件很不容易的事情。优秀的书籍装帧设计，常常一下子打动读者，有的直接带动了销量，有的则提升了书的品质，让读者爱不释手，以至于心中留下了永久的记忆。一帧优秀的书籍设计作品，是与书的文字内容珠联璧合，相得益彰，熠熠生辉的。

晋林是位有心智、有思想、有个性的书籍设计家。他的设计常常与书的思想产生一种内在的契合，深得作者的认同。在《晋林书籍设计艺术》中，我们可以看到作者和同行中肯的评价和赞许，也可以感悟到设计背后的故事。对本书的读者来说，多

方的评价也提供了多样的视角，作品后面的故事也使整本书更加丰满起来。从这个角度看，这本书不仅是凝聚个人心智的设计总结，更是一场关于心灵的对话，是一段关于设计的旅程，是一种关于文化的表达。中华书局编审、中国敦煌吐鲁番学会副会长柴剑虹先生说，"四年前，在拙著《品书录》将由甘肃教育社出版之际，我对该书的装帧设计是有疑虑的……后来，出版社将徐晋林先生设计的封面初稿发给我征求意见时，我的疑虑完全打消了。因为我第一眼的印象便是'繁简适宜'与'清丽明净'……开始我看到那一把'太师椅'时，觉得有点奇怪，但仔细一想，坐拥书城，细细评赏，正是自古至今我们这些读书人的一种理想，故而以椅子作为品书象征，省略了人和书，恰是设计者的聪慧所在。上述的'繁'与'简'，是互不冲突、相得益彰的，故曰'适宜'。至于'清丽明净'，是指封面文字图案与色彩的运用的效果……此书出版后，我敬呈给题签的冯其庸先生，他也称赞说封面设计'耐看不俗'。"这"耐看不俗"即是艺术作品蕴涵的文化价值所在。这只是众多专家、学者、出版人和编辑同行对晋林设计作品点评文字的一例，它是可尝鼎一脔地表达晋林书籍设计艺术的心智、思想及个性了。

晋林之所以在"方寸天地"能取得今天如此不凡的成绩，这与他做事认真，恪守独立思考、独立人格和敢挑重担的职业精神是分不开的。他是生活中的有心人，一次游历、考察，一次阅读，一次对话，都能启发他的思维。他是用心智和独立思考而来的灵感做设计的。在每次设计之前，他总要认真阅读和研究书稿文字内容，捕捉其中蕴藏的思想和文化信息，琢磨整书的学科类别和知识结构及其特点，掌握书中最精彩的部分，并融入自己的理解和思考。他极力赋予他的设计作品以生命，让它们具有某种思想和灵性。用晋林自己的话说，他总是努力"把最美的书展现给广大读者，使读者在纸本与时光的交融中完成一次愉快的知识旅行。"美好的结果常常来自始终如一的坚持；同时，也与敢挑重担的勇气是分不开的。被学术和出版界誉为"回族的四库全书"的《回族典藏全书》，是中国历代回族古籍文献的集大成，是由甘肃文化出版社承担出版任务的一项重大出版工程，全套书达235册、分装15大箱之皇皇巨著。面对规模如此巨大的出版工程，由谁担当其装帧设计任务？责编们一开始想请首都名家做设计，但经多次尝试后，发现所做的几个设计方案都不太理想。最终还是落到了晋林身上。晋林毫不退缩，他深谙春秋时期记述官营手工业各工种规范和制造工艺的文献《考工记》里讲的格言：

天有时，地有气，材有美，工有巧，合此四者，然后可以为良。材美工巧，然而不良，则不时，不得地气也。

晋林正是受此格言精神的启发，在装帧材料和印刷工艺上下了许多工夫，出书后，实现了真正的"典藏"。正如甘肃文化出版社副总编辑车满宝所言："从内容到形式，从材料到设计，都达到了完美的结合，也再次见证了设计家晋林先生的书籍设计艺术魅力。"2010年10月，《回族典藏全书》荣获中国图书出版界三大奖之一的"中华优秀出版物奖"。其装帧设计也在"第七届全国书籍艺术设计展"上获得优秀设计奖，确是实至名归。

晋林在书籍设计领域是一位志存高远的追梦者，还是一位学者型的书籍设计家。他一生的职业追求就是要做一名有思想、有理论、有自己独立风格的书籍设计家，而不是那种操作工式的书籍设计匠。因此，书籍设计对晋林来说并非一份简单的技术工作，而是一项持续一生的事业。于是他勤奋治学，笔耕不辍，忙里偷闲搞一些与书籍设计有关的科研活动，特别在装帧材料和印刷工艺方面，关注较多。他还经常参加省内外包括全国性的学术研讨会，出版和发表书籍设计学术论著，并涉猎多学科知识领域，不断拓展知识视野，争取获得更多的话语权，以充实和完善自己的知识素养，提升书籍设计水平。这种努力和坚持，在他近30年的设计生涯中产生了一种巨大的效果。在图书设计领域，晋林是读者出版集团的领军人物，也是甘肃图书装帧界的翘楚；就全国来说，晋林也赢得了同行的尊重，作品屡获大奖。出版人是社会精神产品的提供者和精神文明的建设者，其成绩能够赢得行业的尊重和社会的认可，可能是这个群体最大的光荣，是对他们最大的鼓励。

《晋林书籍设计艺术》是一本值得阅读的书：对年长的出版人来讲，阅读此书唤起共酿书香的记忆，是对流金岁月最好的祭奠；对正在负重前行的中年人来讲，省视我们的内心，借鉴他人的经验有百利无一害；对刚入此行和即将入行的后生来讲，这即是一本从业的教科书，更是一本修心励志的箴言书。

是为序。

彭长城

甲午年重阳于长城书屋 识

拥方寸天地　润书香卷气

（自　序）

　　光阴似箭，日月如梭，时光如匆匆的流水一般，快速划过，转眼间我踏入出版行业已近三十年了。可以说，我的设计生涯是在"黑、白、灰"中耕耘，"点、线、面"中遨游了这几十年。不管出版体制如何变化，我始终都没有离开书籍设计这一行当，至今设计有几千种图书。不敢说取得多大成绩，但就本职工作而言也算尽心尽力了。

　　两年前，彭长城先生建议我精选自己的一部分书籍装帧设计作品和理论文章结集出版。我深感他的好意，并遵从了他的建议。经过一年多的收集、整理和编排，这本《游弋在方寸天地》的装帧集得以出版。

　　"游弋"一词，深得我心。我一生都梦想着能有一个"自由自在"的工作氛围和安然幽静的环境空间，能够自净其心，无"白丁"之干扰，"无丝竹之乱耳，无案牍之劳形"；远离诱惑，让心神潜入寂静状态，期盼一种灵性的觉醒，如放鸟归林、放鱼入水，尽情在书籍设计的海洋中游弋，让书籍设计成为生活的一部分。

　　心无旁骛专注于书籍设计，应该是一个非常宝贵的职业机缘和习惯，但有时候这却是一件很无奈的事情。也许，这个工作只有在内心平和、心理感受轻松的状态下，思绪才能如行云流水，设计才能获得最佳的艺术效果。然而，这种宁静祥和，已被时下社会只重一官半职、不重知识人才的浮华习气所打破。大部分出版人在环境的熏染、岁月的打磨下，棱角光滑了，雄心冷却了，理想消失了，精神衰老了。他们在平淡之中无奈地工作着，因为，现实与自己的编辑之梦相距太远了。

　　庄子认为，人只能通过精神的修养，来保持恬淡宁静的心境，体认人与"道"、人与宇宙万物的一体，从而获得精神上的绝对自由。"无所住而生其心"，这是一种理想状态的存在。俗世中人总因有所求而让心有所羁。甚至因为太在意耳边的声音，太在意囊中的金钱，最终会累了心灵，困了精神。我们唯有观照自己的内心，修养精神，浮躁才会慢慢平息。所以，关注体制性的复杂内涵，调整自己的期望和行为，转化编辑思想，净化编辑人格，在制度框架内推动出版事业发展，这也许是出版人最切合实际的追求。

　　"方寸天地"之意，其实想表达我的上半生也就做了件"巴掌大"的事情——在一块空间狭小、容量有限的天地里耕作。记得2009年去北京出差，当时冯小刚导演正在拍《唐山大地震》，应朋友霍廷霄先生邀请，我去唐山现场观看了他们搭建场景的经过。廷霄是我的发小，也是我上西安美术学院时的同学，他曾与中国多位著名导演合作，屡次获得电影美术大奖，被称为中国电影美术大师。这部影片为了展现震前唐山的风貌，在如今唐山的南湖公园1：1搭建了城市一角的实景。为了能够最大限度地真实展现唐山大地震后的毁灭性场景，逼真反映当年地震后房顶塌陷、墙面倾斜倒塌等景象，他们耗时三个多月搭建的震前唐山街景，顷刻间被全部推倒变成废墟。在漫天弥漫的灰尘里我惊呼："廷霄，你这才是在干大事啊！"并自叹："我这辈子就干了个巴掌大的事情。"那些令人震撼的画面，有时候自然地就浮现了出来。但静思之，"螺蛳壳里做道场"，"场"不在大小，关键是心如何待之。其实，在我眼里书的封面就如同一片大草原，那里蕴涵了生命力，蕴涵了万千气象；每一株有生命的草都会激发出一个个有意味的设计元素，让我在这丰硕的原野中尽情漫步。正是这方小小的天地，伴我走过了许多难忘的岁月。

　　今天谈出版和二十多年前谈出版，意义和感受完全不同。

那个百废待兴的年代，带给业界许多向往与勇气。而今再谈这一话题，已经难有兴奋之情，因为我们知道，出版市场不再扩张，甚至正在萎缩中。我们于20世纪八九十年代开始从业的这一代人，处在印刷技术更新换代期。我们在铅印和激光照排的书籍时代成长，又赶上了数字化时代，因而，对新旧技术都有充分的认识。现在的年轻人可能还不及对上一个时代有所了解就进入了数字化出版时代。当前的出版界存在着若隐若现的悲观情绪，认为书籍就此走向消亡之路。在日益更新的网络时代，网络媒体作为继报纸、广播、电视之后的后生代媒体，以其先进的传播技术手段，强大的交流功能，方便、快捷、超大量的存储信息方式及低成本运作，给传统纸质媒体的发展带来强烈的冲击。如今，阅读纸质书籍的人越来越少，以至成为社会讨论的一个热点，也成为老一代文化人担心中国传统文化能否以传统的方式流传下去的一个心结。传统的书籍能否生存，正如吕敬人先生所言："取决于书籍独有的五感：即视觉、触觉、听觉、嗅觉、味觉，这也是传统书籍所形成的富有个性的实体存在。"当我们在灯光下闻着"书香"，享受翻阅图书的那种触摸感和愉悦感的过程中，也潜移默化地与书产生了的心灵感应，这种人与书的对视，正是新媒体永远无法做到的。

中国近三十多年的书籍设计经历了一个曲折的发展过程，从只注重形式的盲目抄袭和无节制的个性张扬，渐渐回归到关注中国传统文化的内涵上来。我也深切地体会到，"做设计就是做文化"，文化素养上不去，设计也做不好。但是，目前我们的一些书籍设计者对传统文化的重要性认识得还远远不够，这主要是由于设计者的民族文化素养偏低，因此在设计中常常会找不到书的文脉，体悟不到文字作品的精神所在，那自然就感受不到它的呼吸和脉搏。书籍设计是艺术，是彰显文字作品精神的艺术表现形式，不是一般的装饰品或者商品包装之类。那些做得花里胡哨的包装，往往昙花一现。我认为是一种放弃书籍文化价值的行为，是在做无谓的设计，如此，根本无法应对新媒体对传统出版行业的挑战，只能让人们离书越行越远。

记得已故著名书籍设计家张守义先生说过："书籍设计者就是与作家同台唱戏。"这些年，我更加体会到一些学者出书的不易。一本书也许是作者倾注毕生精力的成果，收入了他的全部人生。他既然把书交到出版社，交到文字编辑和书籍设计者手中，我们就要认真体会著作的含义，为图书的编辑、设计工作付出自己的全部心血，万不可在与作者共同演出的这个出版舞台中作为配角把戏给人家演砸了。这种"使命感"似乎再度让我找回对书籍艺术的执着和担当，这是否也意味着往日的坚持与坚守的回归呢？

我的同行中很多人都出版有自己的装帧集，一般都是把自己的设计作品呈现出来而已。我这个集子是想把作品和文字结合起来，其中选有我多年来撰写的有关书籍设计的文章，也有同行对我的设计作品撰写的评论文章。另外，重点选出我自认为满意的、既有形式又有内涵的二十多部图书，由学者、出版人、资深编辑，包括活佛、喇嘛等随兴地就书论书，也对我的设计进行点评。他们的文章可谓妙笔生花，别具一格。

数十年中，有那么多的老编辑、老学者在我长期从事的书籍设计工作中不断地影响着我，对他们学识的敬仰与感恩之情也伴随着我，历久弥新，细细品味，才慢慢体会出虽非刻意却有着无处不在的"缘"，这也促使我很想让他们走进我的作品集，希望这些书籍能承载着这一份温暖留住记忆，伴随于身边。与书结缘、与写书人结缘、与做书人结缘、与读书人结缘，在这个以书结缘的小小平台上与他们一起交流互动，也会为本书增色不少。我觉得以这样的形式出版，就更有文化内涵，更有意思了。

本书付梓之际，著名设计家、台湾《汉声》杂志社总策划、台大建筑与城乡研究所教授黄永松先生为本书挥翰题签，这让我感到无比的荣幸。

读者出版集团股份有限公司总经理彭长城先生为本书的出版给予了鼎力支持，并欣然作序，也让我感到了一位学者型领导对书籍设计的重视。同时，也得到了甘肃教育出版社社长王光辉，副社长朱富明、薛英昭的大力支持，刘延寿教授和我的同事金海峰副编审对文字做了精心细致的审读加工和编校工作。王玫、贡巴才布丹，我的助手张小乐、魏婕、朱生银、雷们起也为本书图片的拍摄、整理、排版付出了艰苦的劳动。在此，谨一并致以衷心的感谢。

甲午初春于工作室

敦煌与丝绸之路文化·地方文化·中国传统文化

《甘肃石窟志》甘肃教育出版社（2011.12）

《敦煌文物流散记》甘肃人民出版社（2009.11）

《敦煌古代体育图录》甘肃教育出版社（2011.7）

《敦煌讲座书系》22册 甘肃教育出版社（2013.11）

《品书录》甘肃教育出版社（2009.4）

《甘肃藏敦煌藏文文献叙录》甘肃民族出版社（2011.9）

《敦煌壁画故事》第四辑 甘肃民族出版社（2001.11）

《三礼研究论著提要》甘肃教育出版社（2001.12）

《走近敦煌丛书》12册 甘肃教育出版社（2007.12）

《敦煌石窟艺术研究》甘肃人民出版社（2007.8）

《敦煌石窟保护与建筑》甘肃人民出版社（2007.9）

《伯希和敦煌石窟笔记》甘肃人民出版社（2007.12）

《北魏政治史》9册 甘肃教育出版社（2008.10）

《北魏政治与制度论稿》甘肃教育出版社（2003.3）

《甘肃窟塔寺庙》甘肃教育出版社（1999.9）

《敦煌学专题研究丛书》4册 甘肃教育出版社（2009.1）

《敦煌学研究丛书》12册 甘肃教育出版社（2002.9）

《敦煌与丝绸之路学术文丛》12册 甘肃教育出版社（2014.4）

《舞论——王克芬古代乐舞论集》甘肃教育出版社（2009.10）

《中国古丝绸之路丛书》6册 甘肃教育出版社（2014.1）

《敦煌艺术论著目录类编》甘肃教育出版社（2011.12）

《敦煌研究院学术文库》3册 甘肃教育出版社（2011.4）

《中国马球史》甘肃教育出版社（2009.7）

《甘肃简牍百年论著目录》甘肃文化出版社（2008.12）

《丝绸之路体育图录》甘肃教育出版社（2008.4）

《陇文化丛书》10册 甘肃教育出版社（1999.7）

《敦煌壁画故事全集》5册 甘肃民族出版社（2014.5）

《国际敦煌学丛书》2册 甘肃教育出版社（2004.12）

《敦煌古本乡土志八种笺证》甘肃人民出版社（2007.8）

《敦煌古代硬笔书法》甘肃人民出版社（2007.8）

《儒学贞义》甘肃文化出版社（2006.11）

《国学论衡》第五辑 人民日报出版社（2009.7）

《中国古代文化史》甘肃人民出版社（2005.5）

《承传与超越——现代视野中的孔子思想研究》甘肃人民出版社（2005.12）

《唐宋八大家文选》上、下册 甘肃教育出版社（2004.4）

《古代家书精华》甘肃教育出版社（2001.5）

《古代家训精华》甘肃教育出版社（2001.5）

《古代祭文精华》甘肃教育出版社（2001.5）

《立身处世的学问——〈论语〉成语典故箴谏名言解》甘肃教育出版社（2008.8）

《论语通解》甘肃人民出版社（2014.5）

《老子别解》甘肃教育出版社（2007.1）

《物象 景象 意象——古典诗词丛谈》甘肃教育出版社（2014.4）

《甘肃通史》8卷 甘肃人民出版社（2009.8）

《西北行记丛萃》10册 甘肃人民出版社（2003.8）

《典故选读》甘肃教育出版社（2000.4）

《古汉语常用实词辨析例译》甘肃教育出版社（2002.4）

《中国古代小说戏剧研究丛刊》1-7辑 甘肃教育出版社（2011.4）

书籍设计及其工艺材料的气韵之美

——谈《甘肃石窟志》的整体设计

徐晋林

甘肃的石窟遗迹不仅数量多、时代早，而且各个时代的洞窟都有不同程度的保存，构成了一部相对完整的佛教石窟艺术史，在中国佛教史和艺术史上占有极其重要的地位。据不完全统计，甘肃省各地现存石窟170余处，其中被列为世界文化遗产的有1处(敦煌莫高窟)，全国重点文物保护单位的有13处，省级文物保护单位的有11处。其分布按地理位置来看大体可分为河西、陇中、陇南和陇东四个区域。在古代河陇文化的发展中，上述区域之间既相互关联，又有着自身的特点，共同构成了甘肃石窟文化内涵丰富、异彩纷呈的局面。

一、对石窟艺术的直觉体悟、引入佛教文化的设计元素

我时常找机会去甘肃有石窟的地区进行艺术考察，这样对石窟艺术就有了较多的视觉体悟。不久前我还去考察了武山的水帘洞石窟群，尤其是对拉梢寺北周的第1号摩崖造像印象深刻，造像主体为一佛、二菩萨像，均为石胎泥塑浮雕，造像生动、姿态优美，是整个石窟群的艺术精华。敦煌莫高窟也是我百看不厌的一个重要石窟群，它给我的视觉感受是：它有着一种流动的气韵之美、飘逸之美，而莫高窟的艺术是把这种流动定格在一个个特定的环境之中，每当我们进入这些洞窟，不同的历史画卷和彩塑好像又流动了起来，令我们深赏而流连，也让我们深深领略到莫高窟艺术的韵味。

我也常会把自己在不同环境的视觉印象用在书籍的整体设计中，试图把那种感性的心灵通过书籍设计元素传达出更为贴切的视觉愉悦，以空间形态和色彩留住对传统文化温和的回声。中国石窟艺术往往都是融绘画、雕塑和建筑艺术于一体的，它的内容是一种宗教文化，取材于佛教故事，并形成了具有独特民族风格的石窟艺术体系。生活中处处有传统，我们可以不断地发现过去传统中优秀的历史文化，而我们就生活在其中；但是，传统对我们做书籍设计的人来说，却是可以赋予这些造物以新的生命的。书的阅读实际上是综合性的感受，是心灵相通的领悟。正如吕敬人先生所言："书之五感的视觉、触觉、听觉、嗅觉、味觉，是我们设计的启示点。"在做《甘肃石窟志》的整体设计中，都

《甘肃石窟志》 甘肃教育出版社（2011.12）
国家出版基金项目
获"第二届华文出版物艺术设计大赛"优秀奖（2014.3）
获第四届"中华优秀出版物奖图书提名奖"（2012）

统文化的美学思想，此书的设计定位于对中国传统文化及书籍形态的充分展开，但又不拘泥于老形式的照搬重复。在视觉上形成较为丰富的灰度，以不同的点、不同的线和不同的面的元素发挥其各自的个性，封面下方以释迦牟尼打坐的线描图为主体，同时也深化了设计的内涵，整体色调极富书卷气韵。这本书的设计是我把对莫高窟第三窟的视觉感受引入到封面中，莫高窟第3窟是元代最重要的代表窟，全窟做成沙泥壁面上敷薄粉绘制湿壁画，壁画以焦墨勾勒，以中国传统的线描绘制主题为千手观音。

3.版面设计：本书的内容除概述外，共分八章，是以"图文并茂"的书籍形态出版的，这样就更能体现出石窟的学术研究和艺术欣赏价值，图与文相辅相成，相得益彰，达到了视觉扩展的功能。版面设计没有按常规去做，每章深浅的变化起到了丰富版式的作用，图片的大小穿插铺垫着阅读节奏的起伏，吸引读者从阅读到体味，从感受到联想。以多样化的书籍形态和美观大方的版式，使其内容得到充分表现，情节不断延伸，以至于给读者以视觉和阅读的轻松感。

函盒和封面的设计形成对比，素雅与浓重、重复与单一，但是它们又是相互关联的。版面设计也是沿着这一思路展开的，专金的实底与素雅的白色底格的交替变换，同样形成了视觉的反差对比。

二、对石窟艺术的直觉体悟、选择书籍设计的纸张材料和印刷工艺

春秋时期记述官营手工业各工种规范和制造工艺的文献《考工记》里面讲道："天有时，地有气，材有美，工有巧，合此四者，然后可以为良。材美工巧，然而不良，则不时，不得地气也。"考究的装帧材料和精湛的印刷工艺，是构成书籍设计美感的重要因素。

1.函盒材料及工艺：我选用了黑色和酒红色的亚麻布，配以五色印刷的竹纤纹特种纸，显得华贵、典雅、精美，有光感。读书和欣赏一幅画不同，书需要读者去触摸翻阅，眼视心读。为了引起视觉反应和触觉感受，依赖纸品材料和工艺的有机结合来共同传递出一种信息和心理反射。我把盒面上排列有序构成的佛祖释迦牟尼像做了激凸，抚摸盒面让你有在千佛洞中浮雕的触感。

2.书籍材料及工艺：壳面采用以暖灰色为基调的手揉纸，凸凹不平的手感，恰巧有石窟中壁画沙泥壁面和薄粉脱落后的感觉，给人以淡淡的历史温暖感。内文选择了一款品质极高的环保型涂布纸，叫"丽彩水晶"。纸张色相呈晶黄色，水晶般光滑、自然、柔和，从而使印刷品色彩还原性高，画面层次感强。更适合长时间阅读和观赏。选用与书籍内涵相符的，且具独特韵味的纸张材料，通过装帧材料自身的美感，充分体现出书籍的文化价值和审美价值。

总之，中国传统文化的书籍设计及其工艺材料有着中华民

是基于这种思路，也几易其稿才使要表达的形式和意境渐渐清晰和具体起来。

《甘肃石窟志》由函盒、封面、环扉和内文版面组成了一套完整的整体设计。

1.函盒设计：以橙黄色为主色调，佛教的颜色是由蓝、黄、红、白、橙五色组成，而橙黄色给人印象最深，橙黄色也象征佛陀圣体所披袈裟的颜色。在盒面上排列有序构成的佛祖释迦牟尼像，象征佛陀紫金光聚之妙色身。盒的中央用了莫高窟的藻井图案，我们看藻井一定是仰面朝天，正是这样你才有着心灵与图像的对视，才有禅观意味。这个启发是来自莫高窟第217窟，此窟是莫高窟盛唐艺术的代表窟，窟室为覆斗藻井顶。我把藻井图案中间的部分模切后，刚好又透出完整的书名，未打开函盒之前，书是一种封闭的状态，用这种表现形式充分体现对古代石窟艺术尊重和恭敬的态度。函盒的打开方式是向两边翻开的，上下用传统的牛角扣连接在一起，打开的过程就如同我们进入洞窟的门，以这样的行为过程，通过第一视觉传达方式，带你进入具有佛教文化精髓且又厚重的书时，这本书也就存在于你的精神心灵之中了。

2.封面设计：中规中矩的左右对称格局无声地描述了中国传

族特有的精神气质——"书香"和"书卷气"。"书香""书卷气"是书籍设计的气韵之美，是在可感的形质中追寻心灵内在的气韵。把对整体意识的把握升华为对书卷之气的体悟，这是中国书籍设计的灵魂。书籍设计是指构成书籍的必要物质材料和全部工艺活动以及美化工作的总称，即：书籍设计·纸品材料·印刷工艺。它们紧密联系，缺一不可。而纸品又是印刷中最主要的承印材料，装帧纸品的美，是构成书籍设计之美的基础要素之一。不同纸品反映不同书籍文化内涵的特性和视觉感受，纸品质地不同，其印刷效果也不相同。为此，书籍设计者需要深度体会书稿内容，将设计元素与设计构思不断深化，寻找具有表现力的材质，并积极尝试新的印刷技术和工艺。让书籍设计者把文字、图片与纸张和印刷技术都互动起来，在纸张与油墨的亲吻过程中，呈现出恰如其分的"视觉之美"来。最终，把最美的书展现给广大读者，使读者在纸本与时光的交融中完成一次愉快的知识旅行。

《甘肃出版传媒》杂志 2013 年 3-4 期合刊

《甘肃石窟志》的装帧设计

　　写完一部书，总希望读者能够喜欢。而一部书将以怎样的形式呈现在读者面前，其装帧形式往往会起着至关重要的作用。《甘肃石窟志》是我们写作小组花数年时间对甘肃全省石窟作了充分考察，并对相关历史、佛教等方面文献资料也作了深入调查研究之后集体撰写而成的，是甘肃省第一部石窟志。因此，不论是作者还是作者的单位，都对此书充满了期待。

　　当我第一次看到出版后的这部书时，感到一种超过预期的惊喜：土灰色有凸凹不平手感的封面，装饰了精致线描的佛塔、佛像，封底还有石窟的立面线描图。书名是在专金色的方框内以黑体、标宋字体写出。图案与文字的"精"与纸质的"粗"形成奇妙的对比，似乎象征着古代石窟艺术外表看似古朴，其中却包含着精美的雕塑与壁画艺术。可以说，封面的设计，既贴切地表现了这部书的内涵，又具有典雅、大气的特点。书籍装帧不像别的艺术设计，它与图书的内涵息息相关。装帧的目的是要把一部书的内在精神或主要倾向在封面设计中体现出来，同时反映出相应的美感以及设计者的风格。从这个意义上来讲，《甘肃石窟志》的封面无疑是一个成功的设计。

　　本书的内文装帧，也同样体现着设计者的艺术匠心：扉页及每一章的起首一页隐现出的千佛形象，是甘肃各地石窟中最普遍的形象，这些排列整齐的千佛具有图案的效果，而从这些图案中，正可使读者充分感受到甘肃石窟浓浓的文化气息。每一页的页眉书名上部以线描的香炉与手姿装饰，又以绿色调为主的卷草

纹样（取自敦煌壁画）为衬，页脚采用细线描成的波浪纹，精致而不俗艳，处处体现着图文并茂、美不胜收之感。每一章又分别变换底色，以示区别，使读者在读这样大部头的著作时，不至于疲劳厌倦，相反倒有引人入胜之感。

　　《甘肃石窟志》装帧最重要的特点，就是大量采用了中国传统艺术的元素来进行装帧设计，这正与本书的内涵有密切关系。甘肃石窟中有着取之不尽、用之不竭的艺术源泉，但是否能恰到好处地利用这些传统艺术元素，则体现着艺术家的素养和能力。佛像、佛塔都是石窟艺术中常见的形像，现存的石窟中，有雕塑的佛像，有彩绘的佛像，佛塔本来也是立体的，当然也有壁画中绘出的平面的佛塔。《甘肃石窟志》的封面是以细线描出的佛塔与佛像装饰在素面的纸上，与背景十分协调，而又体现着细腻的构思。页面装饰中，香炉、卷草纹样也是敦煌壁画中较常有代表性的图案，以细线描出的香炉和合掌手姿与华丽的卷草纹相对应，构成一种对比效应。扉页等页面的装饰中，往往体现着单色线描图与彩色图的对比关系，从中表现出精致而高雅、华美而不俗艳的特征。这是来自传统艺术的审美精神，显然设计者领悟了这一精神，并在设计中运用得十分自然，毫无造作之感。

　　总之，从《甘肃石窟志》一书的装帧，我们深切地感受到设计者徐晋林先生在书籍装帧艺术上的深厚功底和对传统艺术的灵活运用。感谢徐先生为广大读者提供了如此精美的设计。

赵声良　敦煌研究院研究员、《敦煌研究》杂志编辑部主任

敦煌文物流散记

流散记

读者出版集团
甘肃人民出版社

《敦煌文物流散记》 甘肃人民出版社（2009.11）

敦煌三夷教与中古社会

敦煌道经与中古道教

敦煌佛典的流通与改造

敦煌书仪与礼法

敦煌的吐蕃时代

敦煌石窟艺术总论

回鹘与敦煌

敦煌文献避讳研究

敦煌佛教与石窟营建

敦煌三夷教与中古社会

《敦煌讲座书系》22 册 甘肃教育出版社（2013.11） 国家出版基金项目

徐晋林装帧设计点评二则

（一）

我最早感知甘肃教育出版社美编徐晋林先生的图书装帧设计是在2002年。那年该社推出了一套12册的"敦煌学研究丛书"，刚看到样书封面，就感到与我之前看到的敦煌学著作的设计风格不同：切合图书内容的敦煌、新疆艺术图像元素并不夸张地放在封面一个合适的位置，配合上一段该书中心主题的文字，加上银灰色特种纸的整体映衬，显得淡雅而庄重。11年过去了，现在甘肃教育出版社又推出几十册的"敦煌讲座书系"，从我所看到的已经出版的20多册封面来说，更进一步体现了晋林先生的设计理念与风格。其一是在封面文字内容与图像元素较多的情况下，如何合理安排设计的问题。以《敦煌佛教与石窟营建》一书为例，封一的书系名、书名竖排，而契合主题的白描建筑图像、作者名横排于书名之下，再下面分别横排着"国家出版基金项目"、"十二五国家重点图书出版规划项目"及出版社的图标与文字。因为纵横文字与图标的大小搭配比较适宜，中心稳妥，所以并不显得繁复。封底在横排的书系名、书名与责编及设计者名之下有一段近二百字的介绍整个书系的文字，所以配上两个敦煌藻井图案与一个佛教合十手势将其间隔，同样避免了可能失衡的毛病。其二是色彩搭配的问题。因为中间40%的部分是浅黄色宽带，其下端又有一条颜色较鲜艳的古代传统纹样带，封面最上端则是专金色波浪纹样，浅色部分约占一半面积，层次递进感清晰，横竖、浓淡搭配也比较合理。而在此书环衬的设计上，文字与图像置于两侧，全部横排，色彩均呈浅淡，给人以沉静的感觉。我们出版界的老领导、编辑家王子野曾经在评论曹辛之装帧艺术的文章里强调整体设计，强调追求意境美、装饰美和韵律美，强调构图简练、色彩淡雅。（参见《曹辛之装帧艺术·序》，《曹辛之集》第二卷"附录"，上海人民出版社，2011年）可以说，不但图文搭配匀称、整体感强的设计理念与庄重、淡雅的风格在晋林的设计中得到了很好的体现，而且人们可以在简洁的构图中去体会敦煌文化的韵味和意境。

（二）

　　四年前，在拙著《品书录》将由甘肃教育社出版之际，我对该书的装帧设计是有疑虑的。一是因为书的内容驳杂，涉及几十种图书，不易选定图案，如果就用简单的书籍图样，又嫌过于直白；二是书名我已请了前辈冯其庸先生用书法题写，而我知道在基本用电脑设计的现今，美编们对名家题签是最犯愁的，因为不易和封面的其他文字及图案协调一致。后来，出版社将徐晋林先生设计的封面初稿发给我征求意见时，我的疑虑完全打消了。因为我第一眼的印象便是"繁简适宜"与"清丽明净"。所谓"繁"，是上半部在冯题横写三个字的繁体书名之下，用黑字竖排了10行从"前言"里辑出的文字（封底则是"前言"中另一段文字）；所谓"简"，是下半部除了横排的作者姓名外，只安排了一把明式坐椅，因为该图像颜色较深，且带有影子，所以又设计

了古籍刻本中的浅色仕女品书图像作为映衬，又达到了简里透繁的效果。开始我看到那一把"太师椅"时，觉得有点奇怪，但仔细一想，坐拥书城，细细评赏，正是自古至今我们这些读书人的一种理想，故而以椅子作为品书象征，省略了人和书，恰是设计者的聪慧所在。上述的"繁"与"简"，是互不冲突、相得益彰的，故曰"适宜"。至于"清丽明净"，是指封面文字图案与色彩的运用的效果，在纸色特种纸上，加印红金色的书名与影影绰绰的浅土黄色古籍插图、深棕色椅子、棕红色花边，给人以清爽干净的总体感觉。此书出版后，我敬呈给题签的冯其庸先生，他也称赞说封面设计"耐看不俗"。

柴剑虹　中华书局编审、中国敦煌吐鲁番学会副会长

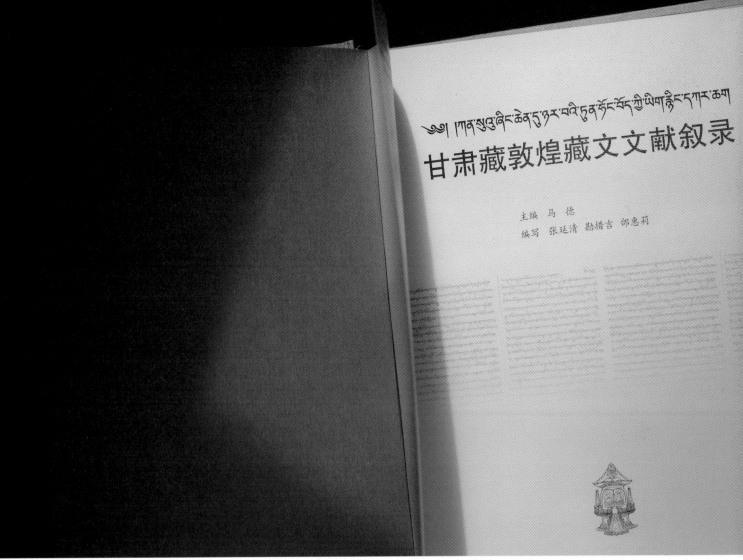

甘肃藏敦煌藏文文献叙录

主编 马 德

编写 张延清 勘措吉 邻惠莉

《甘肃藏敦煌藏文文献叙录》 甘肃民族出版社（2011.9）

敦煌莫高窟 第 98 窟 于阗国王供养像 五代

《敦煌壁画故事》第四辑 甘肃民族出版社（2001.11）

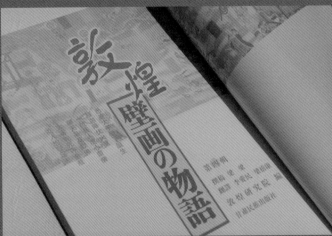

共酿书香

——从《三礼研究论著提要》说起

"书香"是一个很好的词，有味道，清雅。

书香是什么？是图书发出的淡淡墨香吗？当然是，又不完全是。除了可以嗅到的香气，它还是图书之所以传之久远的内涵和意蕴，是阅读图书带给我们内心的那份喜悦和感动，是图书内容与形式的高度融合所产生的美感，是图书让我们手不释卷、时不时忍不住拿起来反复摩挲的魅力——书卷气。

说到我与晋林的交往，令人回想起一个文字编辑与美术编辑之间互相理解、默契配合、共酿书香的往事。那真是一段令人难忘的十分愉快的岁月！我与白玉岱老师，还有诸位以编书为志

《三礼研究论著提要》甘肃教育出版社（2001.12）
获"第十三届中国图书奖"（2002）

业的同仁们，一起策划、编辑了一批弘扬地域文化和传统文化的图书。大家不舍昼夜，不计功利，同心协力，默默耕耘。好在许多图书得到学界和业界的认可，我们共同享受到出版人的职业欣慰。期间，美术编辑徐晋林先生用他的生花妙笔，精心绘制锦衣霓裳，给这些图书增光添彩，也更加让那段岁月活色生香。

我们曾经为了一个精当的书名而辗转反侧，为了寻找一幅恰切的图片而遍搜箱箧，多方求助。晋林将他的设计稿贴在墙上，我们站在不同角度和距离反复观察，把玩揣摩，直至感觉到尽善尽美。那段时间，我们谈得很多。我给他谈书稿的内容，谈我对形式的设想；他跟我谈设计的思路，他对内容的理解。我不厌其烦地描述"书感"，他千方百计地捕捉"书性"。几年的切磋琢磨，我们都有不小的收获。对于图书内容与形式的关系，理解得更深入了。我们不再争论责任编辑和美术编辑谁是主体，谁是从属。我为自己装帧设计鉴赏力的提高而沾沾自喜；在许多人眼里自恃艺高而多少有些傲气的晋林居然也变得心平气静——我相信他完全是钻到书里去了，得到了图书装帧艺术的某些真谛。

晋林的书装，体现了他对书中所传达的传统文化、民族文化、地域文化的理解，达到了装帧设计与图书内容的协调统一。整体上显得干净，素雅，大方，有书卷气，形成了他自己的特色和风格。

这本《三礼研究论著提要》，是西北师大古籍所青年学人王锷的新著。所谓"三礼"，指《周礼》、《仪礼》、《礼记》，是儒家最早经典的一部分。"三礼"向来被视为难读，王锷广搜汉代以来至2000年之间研究"三礼"的著作和论文5000余部，对每一论著的年代、作者、内容、版本、存佚状况及其价值作了详尽的考证和介绍。我的老师、时任西北师范大学古籍所所长的胡大浚先生亲自来到出版社找我，执意要让这本书面世。但煌煌120万字

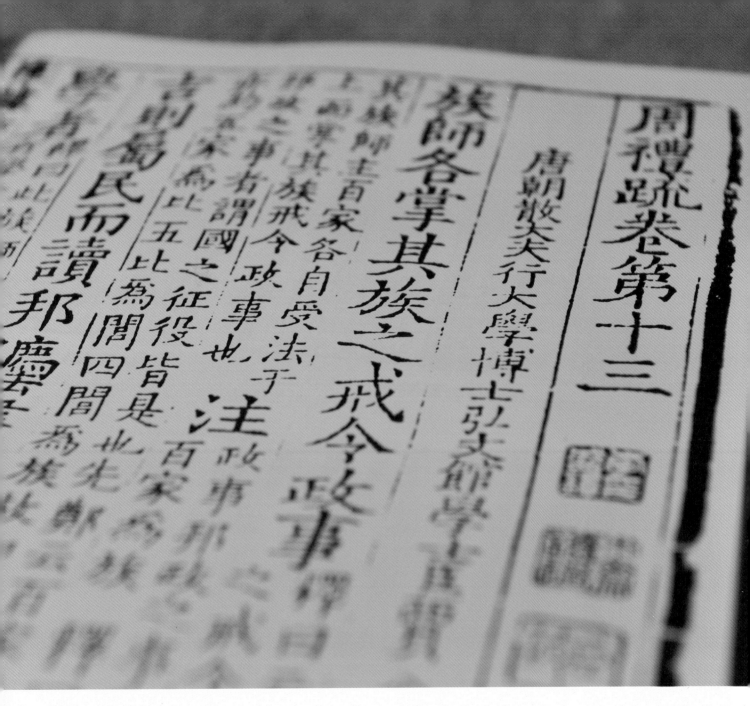

的篇幅，古籍所补贴的经费明显不足。按照当时出版社的惯例，这类图书往往是量入为出，草草印刷几百册了事。但王锷博士青灯黄卷，几易寒暑，令人佩服；胡老师的鼎力相助，至诚可感；清华大学彭林教授的序言、南京师范大学崔富章教授等多位专家的评审意见，亦非虚美。我决计在财力和精力上加大投入，多花些编辑功夫，把这本书做得像模像样。

除了精编细校，我们在开本、用料上精心选择，在封面、版式的设计和印刷上也精益求精。16开特种纸面精装，60克淡黄色双胶纸正文，双栏带线框加书眉的版式，都恰当地突出了一本古籍类工具书的特性。晋林设计封面时，比较自然地融入了中国传统文化的一些典型元素，计白当黑，采用了在白底上大面积留空的形式，封一和封四的左侧和上部衬以浅咖啡色汉简和古版线装书影，书名使用苍劲有力的书法题字，显得黑白分明，舒朗有致。这本书的装帧设计整体上给人以简洁、古朴、典雅之感，设计制作手工味十足，没有丝毫电脑设计的板滞痕迹。封面所用特种纸的色彩和质地都是刻意挑选，系由山东纸商从日本进口而来。天水新华印刷厂朋友们一丝不苟地使此书在印刷和装订上达到了我们的设想。打开平整而古雅的淡黄色样书，一条鲜红的丝带飘过散发着油墨香气的字里行间，让人顿生喜悦之情。当作者将样书赠送给中华书局的老先生们时，他们说，这本书比中华书局的还印得好。

此书出版后获得好评，成为王锷学术上进步和发展的奠基之作，次年荣获中国图书奖。令人欣慰的是，首版售罄，还出版了增补本。

书比人长寿。我们努力酿造书香，愿我们付出的努力借书香而长存。

黄强 中国教育出版传媒股份有限公司副总经理

《走近敦煌丛书》12 册 甘肃教育出版社 2007 年

获第四届甘肃省文化产品博览会 "创意甘肃" 视觉艺术设计作品展书籍装帧金奖（2009.6）

获第三届中华优秀出版物图书奖（2008.12）

这个人，那些书

　　我刚工作的时候不谙世事，跟着社里的老前辈喊他"小徐"，那时候晋林先生还很年轻，三十刚出头吧，比我年长八九岁。因为在设计封面的时候难免与文编意见相左，晋林先生坚持己见，所以就有人说这人不好打交道。后来我在甘肃教育出版社主持工作的时候，晋林先生已从原来的装帧室调至教育社几年了。工作接触日渐亲密，我才发现他原来是一个心底单纯，不会拐弯抹角的人，随着工作上的配合与交流，我们成了可以无隔阂交流的同事，我觉得这对甘教版图书整体装帧设计水平的提升是很好的基础。现在，我在办公室里喊他"老徐"，在正式场合喊他"徐老师"，开玩笑的时候喊他"徐大师"，无论怎么喊心里都毫无芥蒂。

　　甘肃教育出版社重点图书的装帧设计几乎全部是晋林先生的手笔。从最早的"陇文化丛书"，到"国际敦煌学丛书"，再到"走近敦煌"和"敦煌讲座"等大型系列图书，晋林先生在学术图书的装帧设计方面砍研丰硕，尤其是他把甘教版敦煌学图书设计得独树一帜，风格鲜明，在敦煌学界很有影响。无论是各级评奖或读者反响均成绩优异。有一次我在书店看到一本北京某出版社的图书，封面设计包括印刷材料都与他设计的《北魏政治史》完全相同，字体字号位置摆布几乎一模一样。我给他说北京有人抄袭他的作品，侵犯他的著作权，他倒也不吃惊，当然也没有下文。

　　前些年社里每年举办编辑业务培训班，我都请晋林先生专门给大家讲美术设计，他给我们讲国外的书籍装帧设计，讲国内的设计大家，讲他自己这些年的图书设计心得和思想脉络，娓娓动听，如数家珍。现在，晋林先生已届知天命之年，须发些许泛白，貌如其人其心，有了学者的境界和风范。他说，他其实很想到哪所大学去搞设计方面的研究，给学生们讲讲课。我觉得在出版行业考核过度，功利日盛的时期，那样的工作可能更适合他的性格，也可能更适合他的心境。对于书籍的装帧设计，他有自己多年来在实践中积累凝练的一套完整理念，很理论但也很实用，所以他很烦一些对设计半懂不懂的文字编辑，在约请他设计封面时提一些不符合自己理念的要求。他说他现在也妥协，作者编辑

怎么说就怎么改，改完了署化名。

在"走近敦煌"丛书的设计过程中，我曾经多次在电脑上和他一起商榷研磨设计的细节。他仔细地查阅了各种印刷材料和工艺，不厌其烦地和印刷厂讨论，希望能够用一些新的工艺做出一套有新意的书。尽管最后印刷工艺不尽如人意，这套书在印刷发行之后，仍然获得了第二届中华优秀出版物图书奖和第四届甘肃省文博会"创意甘肃"书籍装帧金奖。在这个过程中，我很吃惊地发现，他对印刷设备、纸张、甚至油墨和版材的知识，乃至印刷模具、烫印UV等工艺流程十分熟悉。后来在设计《甘肃石窟志》的函盒的时候，他在网上查阅订购了盒子上使用的一种特殊形制的铜扣，他很满意，我也很佩服。

"走进敦煌"丛书是我主持甘肃教育出版社工作之后第一次组织出版的大型丛书，也是第一次和国内知名学者有了来往。这套书出版之后，我和主编柴剑虹、荣新江，以及其他几位作者如郝春文、郑炳林等先生都成了好朋友，这促成了后来更大规模的"敦煌讲座"丛书的策划出版。作为一个出版者，我十分珍惜这种由共同的图书情结所结下的缘分，世有百行，我只埋头一隅。与晋林先生同行，同样也是修行。

王光辉 甘肃教育出版社社长、总编辑

《敦煌石窟艺术研究》《敦煌石窟保护与建筑》 甘肃人民出版社（2007.9）获"第七届全国书籍设计艺术展"优秀书籍设计奖（2009.10）
《伯希和敦煌石窟笔记》 甘肃人民出版社（2007.12）获第二届"中华优秀出版物（图书）提名奖"（2008）

追求美感、强调表现的装帧纸品设计

徐晋林

一、中国书籍装帧材料及印刷的历史演进

中国的书籍装帧有着悠久的历史，书籍的装帧形态，也随着书籍的生产工艺和所用材料的发展变化而不断地演变着。我们谈到书籍就不能不谈文字，文字是书籍的第一要素。中国自先秦商代就已出现较为成熟的文字，甲骨文和青铜铭文。兽骨、龟甲上的甲骨文，以及青铜器上的钟鼎文，记载的内容多属于档案性质，而不是以传播知识为目的的著作。因此，还不能称其为书籍。到春秋战国，中国文化进入第一次勃兴时期，各种流派和学说层出不穷，形成了百家争鸣的局面。周代就已形成了金文和石鼓文。后来随着社会经济和文化的逐步发展，完成了大篆、小篆、隶书、楷书、行书、草书等文字形体的演变。书籍的材质和形式也逐渐完善，中国最早的书籍载体是木和竹。人们用规格一

致的木片（又称牍）和竹片（又称简）来书写文章，再以革绳相连成"册"，这种装订方法成为早期书籍装帧比较完整的形态，书的称谓大概就是从西周的简牍开始的。以后，就在丝织品缣帛上进行书写和绘画。这个时期，缣帛也就常作为书写和绘画材料，与简牍同期使用。自简牍和缣帛作为书写材料起，这种形式被书史学家认为是真正意义上的书籍。

中国的四大发明，有两项对书籍装帧的发展起到了至关重要的作用，这就是造纸术和印刷术。东汉蔡伦纸的发明，确定了书籍的材质。唐代初期雕版的产生；北宋毕昇活字版印刷术的发明，促成了书籍的成型，以文字依附的材料，也渐为纸张所代替。印刷术替代了繁重的手工抄写方式，缩短了书籍的成书周期，大大提高了书籍的品质和数量，从而推动了人类文化的发展。菊地信义被誉为"世界级书籍设计大师"，我们看到日本讲谈社的书，就一定对他不陌生，他曾经说过："中国可称之为日本书籍的双亲之国。如果说纸张是书籍的母亲的话，那汉字就是书籍的父亲。"可见中国古代文化和发明对世界书籍发展的重要贡献。

中国书籍的装帧形式几经演进后，出现过众多的书籍形态，从简牍开始，到卷轴装、经折装、旋风装、蝴蝶装、包背装、线装等形式。

线装书起源于唐末宋初，盛行于明清时期。线装书是中国印本书籍的基本形式，也是古代书籍装帧技术发展最富代表性的阶段。中国书籍装帧的起源和演进过程，至今已有两千多年的历史。在长期的演进过程中逐步形成了古朴、简洁、典雅、实用的东方特有的形式，在世界书籍装帧设计史上占有着重要的地位。这些有着中国精神气质的装帧形式蕴藏着深厚的中国文化内涵，每一种装帧手段都是材料与工艺、手段与目的、内容与形式的和谐统一。德国莱比锡"世界最美的书"奖，是装帧界的奥斯卡，从2004

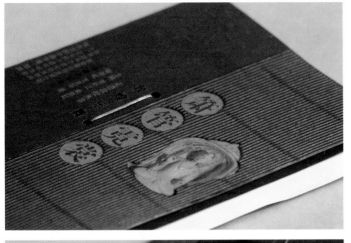

年—2011年，中国有9种书获"世界最美的书"奖，其中以张志伟设计的《梅兰芳戏曲史料图画集》、何君设计的《朱叶青杂说系列》、赵健设计的《曹雪芹风筝艺术》、刘晓翔设计的《诗经》，都是以中国线装书的书籍形态出现在这一世界最高级别的盛会上，并分别获得此项大奖。

20世纪初，西方的制版、印刷及装订技术引入中国后，装帧艺术逐渐脱离了古籍的形式结构，开始向现代书籍的生产方式与设计形态转变，书籍的装帧形式也发生了翻天覆地的变化。

二、现代书籍装帧材料和印刷工艺

1.现代书籍装帧材料

书籍装帧离不开材质美，要想按照设计意图巧用材料，使书籍更具个性，更加赋予文化内涵，就必须熟悉各种材料，掌握它们的特点和性能。选用与书籍内涵相符的，且具独特韵味的纸张材料，通过装帧材料自身的美感，充分体现出书籍的文化价值和审美价值。近年来装帧纸品的发展非常快，品种也非常多，有平面的、滑面的、压纹的、机理的、仿自然纹理的等等。又如：丽芙唯美、星域系列、刚古条纹、环保再生等，这些具有文化品味的纸张，以及装帧材料在书籍中的应用，使书籍设计增色不少，大大提高了书籍的文化品位。

2.现代书籍印刷工艺

新工艺启发设计者的创意，设计者的创意也会促进印制工艺的不断发展；而印制工艺的不断进步又再一次为设计者的创意扩展了新的广阔空间。各种特色印刷工艺也千变万化，如：彩烙烫印、皮革变色、烫金（各种颜色的电化铝）、起鼓、模切等。虽然烫金、起鼓、模切都是传统工艺，但是越来越多的书籍设计用老工艺、新材料，在不断地创新这一传统的工艺。我们在使用不同的装帧材料进行印制时，就一定要考虑到不同纸张对印刷的要求。特种纸张的印刷不同于一般铜版纸，每种纸的印刷吸墨程度有所不同，印刷的颜色变化也很大。一般的彩喷稿无法看到印刷后的效果，有经验的美术编辑是可以把握这种变化的，美术编辑在使用特种纸印刷前要积极与印厂联系、协调。因为有很多材料在印刷上有特殊要求，要根据发片网线数的不同、印刷压力的不同、印刷设备的要求等来采取不同的措施。图书一旦发印，美编最好亲自下厂校色、指导印刷。

特种印刷油墨也能起到提高书籍设计品质的作用，目前除最基本的平版4种原色油墨外，还有许多特殊品种的油墨，如：专金、专银、各种UV、发泡、彩充、磨砂、机理，还有珠光油墨、荧光油墨、仿金属油墨，胶印光油、烫金光油、局部丝印光油等。不同的油墨印出不同的效果，我们可以利用油墨营造出不同的视觉感受。

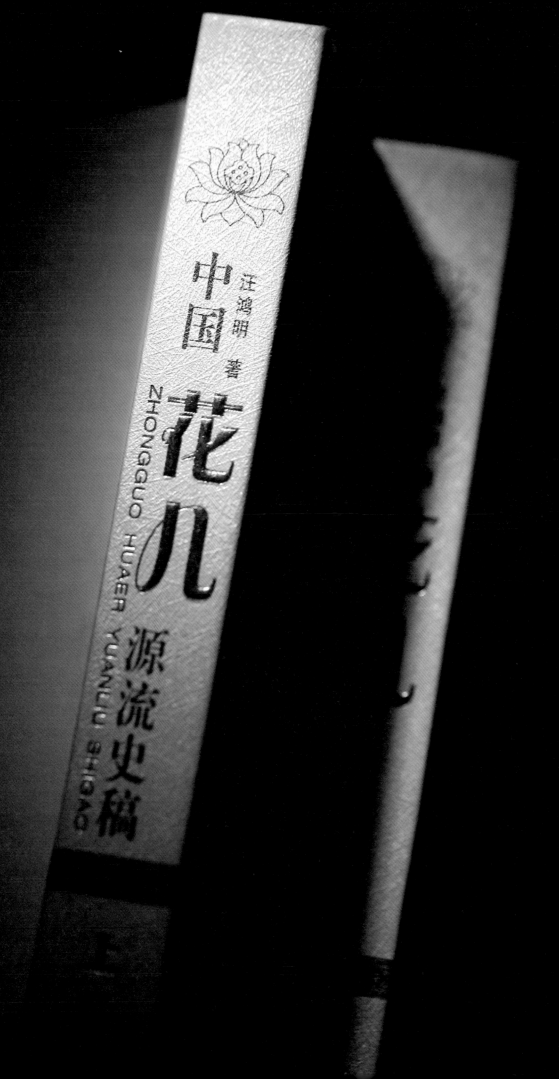

汪鸿明　著

中国花儿

源流史稿

ZHONGGUO HUAER YUANLIU SHIGAO

三、现代书籍装帧与纸品材料及工艺表现

书籍装帧是一种"构造学"，是书籍设计者对主体感性的萌生、悟性的理解，知性的整理、周密的计算、精心的设计，纸品情感的把握、工艺技术的运筹等。

了解和掌握纸品材料和印刷工艺是塑造理想书籍的重要保证。近些年，不少出版社更新观念，不断提高图书的品质，越来越多地注重起书籍材质和工艺的设定。虽然各种装帧材料的价格要比普通纸张贵很多，但由于它自身独特的表现力，对于追求美感、强调表现的装帧设计起到了不小的作用。

1.纸品材料的视觉传达和情感表现

读书和欣赏一幅画不同，书需要读者去触摸翻阅，眼视心读。为了引起视觉反应和触觉感受，依赖文字内容和纸品材料的有机结合来共同传递一种信息和心理反射。不同质感的纸张，都有它自身的文化语言，不同的材料又具有相异的个性色彩和呈现出截然不同的视触感受，给读者带来不同的情感变化，这就是纸张材料的表现张力。材质本身可以制造出富贵、高雅、清贫、孤傲等等各种各样的心理感受。因此，我们对材料的独特性要认真进行探索，各种纸张材料能否选择合适，与书的内容结合得好，这就要求我们对不同的书籍，根据书稿的内容做不同的材料考虑。书籍装帧设计最重要的还是坚守着对内容负责的立场，它是什么内容就长出什么皮肤、长出什么造型、长出什么外表。这在选择材料上非常重要。

在书籍设计中，材料选择还要注重经典性、永恒性，应更具有"书卷气"。材料的物理特性能更多地引发书籍内在的意蕴，让它们更加与设计

内容相融合，更生动、更贴切地产生强烈的艺术魅力。如具有温和高贵质感的皮革，蕴藏着纸张材料无法替代的心理价值。用这些材料设计的精装图书就很自然地给人以温暖润泽的感受，反映出一种古典的美，真正达到现代与传统文化的共生。

但盲目使用特种纸，不但起不到好的效果，也给图书出版造成了浪费。比如：在书籍设计上满版实底印刷，颜色过多、过于饱和与纸张不谐调，这些都掩盖了纸张本身的肌理特色；不征求书籍设计者的意见，随意换纸；有些印刷厂为了自己的利益压缩成本购用仿冒纸等。这些都对特种纸张的使用带来了负面影响。

2.印刷工艺技术与书籍设计表现

不同的时代有着不同的书籍形式；不同的书籍形式，使用的

材料和技术也不相同。印刷工艺应当包括安全性、美观性、舒适性、通俗性、材质感、识别性、和谐性、地域性和文化性等。作为书籍设计者，除了要使自己的艺术素养和文化素养一天天地厚实起来外，还必须对印刷工艺有所研究，这样才能创作出高品位的装帧设计来。因此，多了解一些印刷工艺的知识是有必要的。

各类特种纸对油墨的吸收性跨度很大，如：祥云纸极易吸墨，莱妮纸较易吸墨，而幻彩系列纸则难以吸墨。所用特种纸的吸墨性直接关系到印品的质量以及所需的交货时间。对于吸墨性较差的纸张，可以在油墨中适当地添加催干剂或采用紫外光固化，以免因油墨干燥过慢而引起背面粘脏、印迹粉化等现象。当然，纸张的结构对吸墨性有很大的影响。有些纸张质地较为松

厚，油墨很容易就能渗入并干燥；而有些则质地十分紧密，油墨浮于纸张表面，这样既不容易渗入纸张，更不容易干燥。吸墨性不同的特种纸通常可以通过调节印刷压力和对油墨进行处理来控制，必要时可先进行一定量的试印。

印制的油墨及其质量水平，也应当包括在设计考虑当中，对于当今绿色设计和环保设计具有十分重要的意义。有些图文书籍浓重刺鼻的油墨气味，让人觉得很不舒服。这些气味是不是含有有害物质且不必去说，对于环保健康意识较强的人来说，印象一定是负面的。通常最易出问题的，是印刷品的印刷色彩，效果并不如设计者心中所想。这个失误的原因很多，而其中的一个原因，是跟印刷材料和印刷方法有关。同样的油墨用不同的材料、不同厚薄的纸张印刷，所得的色彩效果肯定不同。即使材料相同，但用不同的印刷方法去印刷，油墨的厚度也会不同。因此，事前要对承印物的特点、油墨的使用及印刷方法等各方面多作考虑，设计时尽可能配合客观条件。另一方面，设计者也应多与印刷师傅沟通，互相了解，才可尽量降低失误的程度。如彩烙热压，通过温度的变化产生出不同的色彩效果，使书籍外观灵气诱人，有温馨柔和之感；内部结构朦胧可见，增添了一分神秘感和傲然性，使人不禁渴望去触摸它、亲近它和欣赏它，因而也就更具有非凡的亲和力。

UV光油，又称紫外线固化光油，无色透明，一般都覆盖在普通油墨之上，以产生一种奇特的效果，为书籍设计增添了新的趣味与魅力。前些年UV技术风靡全国，几乎到了"是书无不UV"的程度。

任何工艺，作为当前书籍设计的时尚总有一天都要衰落的，就如同当年的电脑设计——"电脑效果满书飞"的情况一样。过多使用这一技术，不但起不到画龙点睛的作用，反而破坏了书籍"书卷气"的精神气质，也掩盖了特种纸张本身所具备的文化内涵。

台湾著名书籍设计家黄永松先生做的《蜡染》这本书，在国际设计界很有影响。函盒就是工艺的开始，上面画好蜡，用上光做成蜡版的感觉，开始去浸，开始去染，从盒面到盒底，然后打开慢慢浸满。接下来我们就可以看到染满蓝色图案凤的形象，染好后就需要去煮，当蜡碰到热，就会融化，也就是脱蜡，图案凤的形象就变成了白色，通过这一设计，完整的印染工艺过程就呈现在读者面前。现代印刷已不是过去简单的纸面印刷，从内在到外表的制作、用材，均注重工艺技术来显现书籍的完美性，它是用有情感的纸品文化综合各种工艺的运用制作而成的。书籍装帧艺术离不开纸品材料和印刷工艺所酿造的美感，这将永远是书籍装帧艺术的一条永恒不变的规律。

综上所述，无论有多好的艺术创意都要通过材料与印刷工艺才能转换成物化形态的书，材料与印刷是把设计者的创意物化为书籍装帧的重要环节。因此，作为纸品生产者、印刷者和书籍设计者，除具备一般的常识和认真的工作态度外，还必须以现代的审美观念、创新的思维意识和高超的技术不断要求自己；应更多地了解材料、印刷、设计的新理念，尽快掌握现代材料和印刷技术的特点，这样才能更好地把书籍设计、纸张材料、印刷工艺有机地结合起来，才能创造出精致美观的书籍来。

《北魏政治史》9 册 甘肃教育出版社（2008.10）
获第三届"中华优秀出版物奖图书提名奖"（2010）

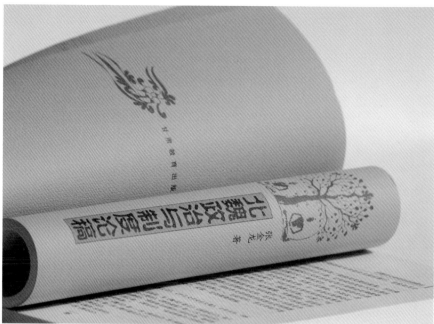

《北魏政治与制度论稿》 甘肃教育出版社（2003.3）

《甘肃窟塔寺庙》 甘肃教育出版社（1999.9）

《敦煌学专题研究丛书》4 册 甘肃教育出版社（2009.1） 入选"三个一百"原创出版工程

《敦煌学研究丛书》设计有感

徐晋林

敦煌,作为世界文化遗产、我国的历史文化名城和举世闻名的东方文化宝库,在历史上曾经辉煌一时。由于包括莫高窟在内的西域考古发现和发掘,敦煌藏经洞出土文物以及敦煌其他重要文化遗产和丰富史料的发现,使世人眼中的敦煌超越地理区域、超越时空限制而光芒四射,敦煌学成为世界各国学人争相加以研究的世界显学。

由甘肃教育出版社出版的《敦煌学研究丛书》,汇集了十几位海峡两岸敦煌学研究者的专著和论集,集中体现了近二十年来中国敦煌学各个方面的研究成果。

我最初接到此套丛书的设计任务,记得是在两年半以前。由于此套丛书被新闻出版署列为"十五"国家重点图书出版规划项目,又是我社的重点选题,社领导很早就安排了此套丛书的设计任务,这样就有了充足的设计构思时间。设计方案前后反复了很多次,并进行了多种尝试,试图从不同的角度切入主题。《敦煌学研究丛书》的设计,我是把自己对敦煌的感受用视觉语言呈现在这套丛书的设计之中。这套书选用了原白色的绚丽圆点系列的特种纸做封面,白色的封面如同置身于强烈的阳光下;又选用了黑色厚重的金丝绵纸做环衬,使我们恍如刚由阳光下进入了黑暗洞窟的瞬间,眼睛一时不能适应,眼前一片漆黑,黑暗中隐隐约约有金色的丝带在飘动;再选用了黄色的云彩纸做环扉,当我们用手电筒照向墙壁时,在手电筒的黄光下精美飘逸的飞天壁画形象又流动了起来。

我设计这套丛书时,在不断追求新颖有效的设计形式上下了不少工夫,一开始的想法就是决心尽力简化设计元素,压缩精简内容。非常"吝啬"地使用每个设计元素,不说"废话",做"减法",最终要减到不能再减。同时在形式及色彩两方面也进行了反复斟酌、不断推敲。基于这种思路,几易其稿之后要表达的形式和意境渐渐清晰、具体。方案确定后选什么装帧材料就显得非常重要,材料就如同建筑一样,用哪种材料才能体现出敦煌这颗宝光四射、耀人眼目的瀚海明珠的文化特质,使纸质与材料之间体现出这套丛书的意境和流动之美来,让它显得高贵、典雅,以独特的艺术个性吸引读者,选材自然是一个非常重要的环节。现代设计是把材料的质地感作为特殊的装帧语汇来运用的。装帧设计也越来越趋于材料本身的质地美;同时依靠工艺制作精密的效果充分显示装帧艺术的魅力。不同的材料运用便可以产生多种多样的艺术效果,给人以各种联想和审美感受。随着近年来大量进口装帧有色材料和特种纸的引进,在设计时就无需再进行画蛇

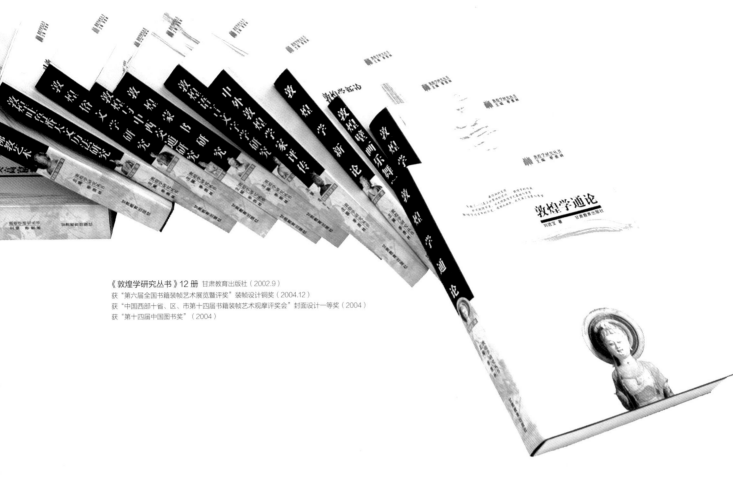

《敦煌学研究丛书》12 册 甘肃教育出版社（2002.9）
获"第六届全国书籍装帧艺术展览暨评奖"装帧设计铜奖（2004.12）
获"中国西部十省、区、市第十四届书籍装帧艺术观摩评奖会"封面设计一等奖（2004）
获"第十四届中国图书奖"（2004）

添足式的繁杂设计，更应该用纸的本色美，留出纸的空间。这恰恰给封面设计做"减法"提供了丰富的物质基础。

护封：我选用了日本绚丽圆点花纹纸，这种材料在不同光线下发生变化，显得华贵、精美，有光感和流动感。设计中的大面积留白，使人有"情在境中，意在景外"之感，可以把想象的空间留给读者。在题材上精选了十二尊珍贵的敦煌彩塑，分别作

为各书护封的设计主体。敦煌彩塑是东方艺术的珍宝，它有鲜明的个性，独特的审美情趣，这些彩塑容貌姿态优美、丰富、动人，是千百年来人类探索艺术美的结晶，不仅在我国美术史上有着重要的地位，而且已经成为世界珍视的文化遗产之一。书名和彩塑位置的排放，打破了过去丛书中各册整齐划一的构成模式，使其在每本书上排放的位置不同，这样看上去使整套书有变化，

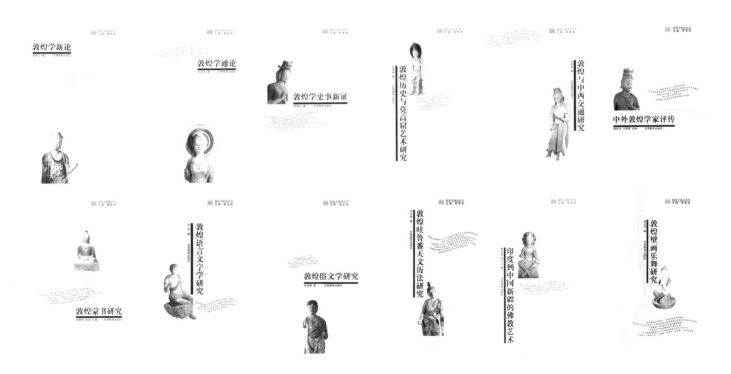

有灵动感。每本书中有一段由曲线排列的内容小字，随着每本书位置的变化而变化，更加延伸了这种流动的美。

内封：采用以磨砂灰色为基调的法国星采花纹纸，银灰色的敦煌壁画线描与书名的排列，不是采用集合设计元素的方式，而是以满版画面在视觉上形成较为丰富的灰度，以不同的点、不同的线和不同的面的元素发挥其各自的个性，同时也深化了设计。

环扉：使用了较为普通的浅黄色云彩纸，设计也更加随意、自由。有聚、有散的线条尽情挥洒着各自的灵感和个性，并充满了书卷气，与本套丛书的书性相吻合。

回顾20世纪70年代至80年代，当时的封面设计由于印刷工艺的限制，大都以铅印为主，设计者只能在两三个色彩（黑白）层次上施展设计才能，当时大部分设计作品都倾向简约、朴素的风格，设计中反映的主题也都比较突出。这是一个可喜的设计阶段。当然那时的设计作品也不乏单调贫乏的倾向。90年代以后，随着印刷工艺的改进，读者欣赏习惯的改变，设计者开始在微机

上施展设计才华，设计语言变得丰富起来，设计素材应有尽有，设计手法灵活多变……出版物迎来了繁荣昌盛的局面，设计也迎来了崭新的局面，设计作品丰富饱满，设计风格千姿百态，设计者进入了自由王国。同时我们也不难发现，有些设计作品出现了过多使用电脑手段，效果烦琐乃至庸俗的倾向，并从负面影响着反映书稿内容的气质。

回顾多年的设计工作实践，我思索着现代书籍设计发展历程带给我们的启示。在设计上我力图做到用简洁的设计语言来反映书稿的内容气质，充分利用现代的设计手段和材料创作出有时代感和读者喜爱的书籍设计作品来。《敦煌学研究丛书》是这种思路下的一个大胆的尝试。由于得到丛书策划者的支持和信任，同时印刷厂也在印制上精益求精，使丛书的设计效果得到了业内同行的肯定。但我更希望听到设计中有哪些缺点和意见，因为艺术的追求没有止境。

《甘肃书讯》报 2002 年 12 月 6 期
《甘肃版图书评论集》第 3 辑 甘肃人民出版社 2005.11

《舞论——王克芬古代乐舞论集》 甘肃教育出版社（2009.10）
获"中国西部第十六届书籍艺术交流暨优秀作品评选会"设计一等奖（2010.10）

从整体到细节，藏不住的精思妙想

——细品《中国古丝绸之路》丛书装帧设计

和老徐共事已有十余年了，我很信任他的设计，一些重点出版项目的书籍设计我都会交给他，并一次次从中收获了设计艺术美的喜悦。在长期的工作磨炼中，他形成了构图简练、色彩淡雅、意境唯美，注重图文搭配和谐，强调整体感的设计风格，我们将之昵称为"徐氏风格"。书籍设计能自成风格，说明设计主体是具有独立设计思想和理念的大家。这不是我一个人的评价，其实在我以前出版界权威人士已作出评判：徐晋林是我省大师级的设计家。窃以为此评判名副其实，晋林先生当之无愧。老徐设计的图书屡获国家级大奖，每次当我向他道喜时，他总是谦虚地对我说，这都是因为书的内容好。但谁都明白，内容与设计是相互彰显、同等重要的。

《中国古丝绸之路》这套丛书的封面设计给人的总体感觉是个性突出、层次清晰、简洁大气、意蕴丰富。把茗细品，设计者在图形、色彩、文字这些主要设计元素的运用上颇为自如，显现出了深厚的功底和过人的智慧。首先是在图形的选取上，很准确、很典型，在各图形间的搭配上也很合理、到位。设计者选取了佛手、丝绸、藻井、佛教吉祥纹饰等元素，这些最能体现丝绸之路文化特质的图案，点明了图书的核心内涵。封面背景选用了丝绸图案，展开后犹如一条用丝绸铺就的大道，丝绸图案中似有无数条彼此相连相通的小道，可谓"条条大路通罗马"、条条小道连长安，依稀中我们仿佛看到了当年丝绸之路上人来人往的盛

况。封一中部为莫高窟五号塔窟中的八龙藻井图案，封四左侧为佛手图案，象征着丝绸之路联系起了东西方，商品在这里互通，文化在这里交融、碰撞。图案中的八龙藻井形状好似中亚款式的帽子，做工很精细，镶嵌有珍珠、玛瑙，并装饰有中国传统龙纹图案，这一设计思想寓意深远，很不一般，从中可以看出丝绸之路使东西方文化融合得多么紧密、广泛和深刻。其次是在色彩的使用上，以土黄色为主色调，寓意着丝绸之路大部分是从黄色的沙漠、戈壁穿过，以黄皮肤的东方人为主的商人、僧侣、使者、邮驿等牵着黄色的骆驼，骑着黄色的骏马往来于东西。最后是在文字的设计方面，书名使用了厚重、醒目的宋体字，与淡雅的色彩形成了强烈的对比和视觉冲击；为了避免因文字竖排并集中于封面右侧而产生的压抑感、零乱感，

莫高窟五号塔窟八龙藻井图案

并能在这一块形成视觉焦点，设计者用竖线和佛教吉祥纹饰予以间隔，达到了理想的效果。

这套丛书的书籍设计之所以成功，与细节处理的精妙不无关系。这主要体现在封一的设计上：设计者采用了黄金分割法进行布局，在左侧用颜色较深的八龙藻井图案很好地与右侧沉重的文字部分取得了平衡。但设计者并未刻意去寻求绝对的平衡，而是如蜻蜓点水，用了一个局部的藻井线描图案，仅想有所体现而已。这样做的目的，是要给左侧留够透气的空间，从而不影响封面淡雅的风格，也不会失去层次感。更绝的是，封面上的三个粗圆点运用得恰到好处，起到了重要的分割与平衡作用。

欣赏老徐的作品，犹如在品一杯香茗，总是耐人寻味。

薛英昭　甘肃教育出版社副总编辑

《敦煌艺术论著目录类编》 甘肃教育出版社（2011.12）

《敦煌研究院学术文库》3 册 甘肃教育出版社（2011.4）

《中国马球史》 甘肃教育出版社（2009.7）

敦煌莫高窟·第3窟 千手千眼观音 元代

因书赋形，以形让意

徐晋林

文字是人类文明的主要传承形式，而文字的传承又需要一定的物质载体。世界四大文明古国，古埃及人用纸草，两河流域用泥板，古印度人用贝叶，中国人则用竹木简牍。

"竹"和"木"也是我国最早的书籍材料，将经过整治的竹片或木板以革绳相连成"册"，专门用来书写并供人阅读，这种书籍制度就叫"简策制度"，也称"简牍制度"。"简"是指用竹片制成的简册；"牍"是指用木片制成的版牍。这种装订方法，成为早期书籍装帧比较完整的形态。对后来书籍形制的发展有很大影响。从公元前17世纪的殷商开始到公元4世纪的魏晋时期，简牍的使用延续了2000多年。

《甘肃简牍百年论著目录》的封面设计，我首先想到了"简"和"牍"的视觉形象，以简牍的形制来做这本书的视觉主体。甘肃发掘的简牍是

一笔极其珍贵的历史文化遗产，它以最生动、最具体的实物形态记载了2000多年前中华民族历史文化的真实面貌，使人们在可见可感中体味出中华文化的博大精深。这一文字载体和书写材料所包含的丰富内容也启发了我，于是我把书名、著者、出版社等重要的信息元素都放在一条"简"的形似之中，又用汉瓦当对"简"的形态进行了分割，统一中又有了变化，并增加了与这一时代相符合的视觉内容，试图达到"因书赋形，以形让意"的传统文化内涵。

《甘肃简牍百年论著目录》甘肃文化出版社（2008.12）

《丝绸之路体育图录》 甘肃教育出版社（2008.4）
获"中国西部第十六届书籍艺术交流暨优秀作品评选会"设计一等奖（2010.10）

灵性·才艺·敬业

——从"陇文化丛书"见徐晋林先生装帧艺术之一斑

"陇文化丛书"于1999年出版问世，以其图文并茂、浅显易懂的文字和精美的装帧设计吸引了广大读者，受到有关学者和业内人士的好评，至今常销不衰，并数次获国家和省部级优秀图书奖及装帧设计奖。可以说，"陇文化丛书"是一次图书出版的整体成功，她饱含了作者的丰富知识、策划者的协调统领和装帧设计者的才艺智慧，而且也体现了作者、策划者和装帧设计者相互沟通、共同努力、协作创新的一体精神。

"陇文化丛书"策划于1997年，1999年7月，10卷本一次整体推出，前后用了三个年头，这对今天的图书出版来说是慢了点，但"好书多磨"在当时也不失为一条经验。策划伊始，策划者、责任编辑、主编、作者、装帧设计者先后进入角色，相互沟通，各司其职。徐晋林先生因装帧设计丛书见长而被聘请为该丛书的装帧设计者。"陇文化丛书"为其提供了展示才艺的平台，而他的成功设计又为这套优秀的丛书添彩增辉。

悟性是"陇文化丛书"装帧设计者成功的关键，互相沟通是装帧设计者产生灵性的重要渠道。徐晋林先生接受"陇文化丛书"的装帧设计任务后，先考虑的不是给每本书一个什么样的封面，而是这是一套什么样的丛书。因此，他首先不是以单纯的书籍设计者，而是以丛书整体工作者的身份，融入到丛书的策划、编写中，积极参与丛书的策划讨论、大纲编写和具体样稿试写等等；收集信息资料，了解丛书内容，明确读者对象，以其对书籍的敏感和极好的悟性，感悟单本书和整套丛书的整体内容及表现形式。从一定意义上讲，"陇文化丛书"的装帧设计者，也是该丛书从内容到形式的整体工作者，装帧设计者首先感悟到的不是每本书的封面及样式，而是10本一套的丛书整体。他是从丛书的内容中寻找其装帧设计灵感的。

晋林先生以其出色的才艺及所受的良好专业素养，为每本书和整套丛书设计一个得体而精美的装帧是得心应手，游刃有余的。以沟通为渠道，以资料为基础，再加上对丛书的深度感悟，每本书的设计以其典型的图片和精美的白描相结合，或实，或虚，或具象，或抽象，再压以底色，上浓下淡，左右适中。右切口以醒目的色块之上竖排"陇文化丛书"，左口竖排4行导读文字，偏右上下居中竖排书名，左中横排作者姓名和出版社名，以竖为主，横竖结合，文字清晰醒目，图色柔和协调。封底排丛书名，以彩色大一号字排本书名，并饰以素描或黑色图片，清爽、素雅。宽勒口，双环衬，彩色扉页，并有彩版装饰，每本书前还集中了具有代表性的彩版。单本书表里如一，突出醒目，整套书规范统一，协调柔和，平摆呈一卷，立放为一册。虽非大开本巨著，但无论单本还是整体组合，均显大气厚重，且又不失时尚。一书在手，有见其面知其书之感，使人爱不释手，尽情享受一种美好的书卷艺术。这就是精美装帧艺术的魅力所在。它充分体现了设计者在书籍装帧上的艺术才华和如虹气势。

业精于勤。晋林先生对装帧艺术的执着、勤奋、刻苦、认真，在"陇文化丛书"的装帧设计中充分体现。他广泛深入地收集信息资料，并不断地消化加工，反复地构思，细腻地设计，先对单本书拿出两三套方案，经反复推敲后再虚心听取有关同仁的意见和建议，最后自信地选定其中之一，并不断修改完善。设计方案确定后，他对封面、环衬、扉页及正文的用纸又作了认真地选择，以达最佳效果。丛书付印前，他亲自下工厂看样，对每本

书的效果——打样审查，并做适当调整。对丛书的整体设计又再三推敲，如对书脊字和色块的位置、勒口的折线、上下切口的切线等进行了微调，做到规范、统一、协调，以达到最佳效果。时值晋林先生装帧艺术的上升期，他丰富的专业理论知识和艺术才华为精美的书籍装帧艺术奠定了坚实的基础，而他对书籍的敏感、灵性和对书籍装帧艺术的执着追求及刻苦勤奋的敬业精神，则使他的装帧艺术更加精益求精。"陇文化丛书"之后，他又推出了一本本、一套套的、尤其是敦煌文化和甘肃地方文化图书的精美装帧制作，把他的装帧设计艺术推向了一个新的高峰。

白玉岱　甘肃教育出版社原总编辑、甘肃省出版协会原副主席

《陇文化丛书》10 册　甘肃教育出版社（1999.7）获"第五届全国书籍装帧艺术展"铜奖（1999.10）获"第十二届中国图书奖"（2000）

《敦煌壁画故事全集》5 册 甘肃民族出版社（2014.5）

斯坦因与日本敦煌学

我所认识的徐君晋林与他的封面创作

徐君晋林已是封面创作领域的名家，或将成为大家，我忝为同事，甚感荣幸而得意。

我与晋林兄是同龄人，属于20世纪60年代早期，但他先我入出版社，得道早，根基深，步步为营。同为编辑，他专于美术，搞创作，封面累累；如我辈文字编辑，专挑别人书里的错别字，寄生于他人的创作，指手画脚，不知深浅。

这是现在的看法。刚开始，并不是这般认识。初入编辑行，也是自许要展宏图，逐理想，心怀大志，且志在千里。而书稿在手，总是百般使劲，想铸造精品，望博当世之名，且能传之千古。封面，一本书的封面，犹如人的面容，总想一入读者眼，便能获得钟情之效。我做编辑，常为封面犯难，美编难找，找到了，谈好了，封面样品出来，不满意，要修改，自己又提不出具体意见，央着美编三涂四改，到最后书印出来，美术编辑不满意，因为不是他的原创；自己不满意，认为美编不尽力。我与晋林兄打交道，约请设计封面，已有好几个回合。一是难请，并不是哪一类书他都给你承担设计，并且内容一般的图书，他看不上眼，即使讲交情，作用也不大；二是他愿意承担设计的图书，样稿出来，几成定型，少提修改意见，即使为照顾你的情面，表面应承，最后还是不改，坚持自己的原创。因此之故，我与徐君合作，屡有不快，年轻气盛时，倔犟劲儿也是彼此彼此。

因为同龄人的关系，并且在同一个部门磨合多年，我熟悉了徐君晋林，也接纳了他的为人和行事风格，对他执拗有了更进一步的理解和欣赏。

由于多年的坚持探索和潜心运思，晋林兄的封面创作已入胜境，每年的成品数量多，体裁丰富，并且着力于封面创作的个性化，形成了独具个人特点的设计风格。敦煌学系列图书、少数民族历史文化类图书、大型丛套书的封面创作与整体设计，在相互比较中，都能看到徐氏风格和与他人的不一样。至于这些特点具体内涵，已超出了我个人的专业视阈，不敢在此妄评。我早就知道，晋林兄对市面上的封面纸质及印刷工艺非常熟悉，慢慢观察，他的封面充分利用了封面纸的颜色、纹路，并周密考虑了纸面对墨色的吸释强度，印刷工艺的新特点，使封面的创作与承载材质相得益彰，恰到好处。

"国际敦煌学丛书"先期两种图书甫一接手，其质感、美感便别开生面，用斯坦因的手迹做背景，配以敦煌线描人物，充分利用了烫印技术，不但对作品的内容进行了巧妙的解读，而且整个图面给人一种雕刻出来的视角印象。底纹背景的随意奔放与正文书名的端正庄重互为表里，活泼生动；封面用纸的颜色和质地，使整本书呈现出皮质感，天然成趣。在徐君的众多封面里，这只是其中的一套，犹如百花丛中冒头的一枝。

从做编辑开始，我对美术编辑一度存着一种偏见，认为他们少读书，对其更深的学理，思想的持重，文化的厚度颇为怀疑，甚而认为他们无法理解一部书稿的真实价值。每逢托付一本书稿的设计，这种偏见和成见便冒出来，总是担心封面的涵义文不对题。但徐君的封面创意，时不时对这种偏见予以无声的回击，你真搞不清他从哪里得来的这些思路。你的偏见和成见老是被人捅破，傲气会慢慢减少，知人处事的态度也跟着平和了，在徐君的身上我已经学习了新的功课。

因为熟悉的缘故，我知道了他熬夜的水平和为封面的出彩而付出不为人知的功夫；也终于明白了他执拗于自己的创意而不愿人云亦云随便更改的初衷。我曾半开玩笑地向他说过，"看来出版社真正进行创作的只有美编了"。因为有一技在身，自有出路，越老越吃香，而且这种长期创作、再创作所悟得的真道，不是一时半会所能习得的。而文字编辑长期伏于案几，被喻为做嫁衣，实在是夸大了，有时甚至只是拣线头的活，即使有创造，也是依附于他人的，独创性很难算在编辑的头上。而美编则有别，我称徐君是封面创作，每个封面都有他的独创性在里面，而其个性特点，长期形成的风格别人是很难模仿的。图书内容的版权属作者，封面版权属美编，图书经营权属出版社，而责任编辑只是依附于作者和出版社，维持生计而已。

创造性是人脱离本能后的唯一存在，也是一个人生命价值的真正体现，创造中蕴含着一个人的真正幸福和自由。这话是否真确，徐君可以为其下注。我不知徐君的内心是如何在自己的封面创作中获得自由和幸福的，但从其言语行为中分明透露出诸般气息。做高端访谈、搞学术讲座，一心要传承华夏文化于永恒。不知从哪一天开始晋林兄一绺白发飘然出世，几根白胡须也是自有特点，一般现象，搞美术的不是奇装异服，便是在头发上做文章。不知徐君的那几绺白发是自生的还是染过的，我还是归因于艺术现象。这样看来，晋林兄的封面创作不仅蕴含着其内心的幸福感，还需要平添一些白发作映衬。

朱富明 甘肃少年儿童出版社副总编辑

《国际敦煌学丛书》2 册 甘肃教育出版社（2004.12） 获"首届中华优秀出版物（图书）奖"（2006）

李正宇学术文集 ❶

敦煌古本乡土志八种笺证

DUN HUANG
gu ben
xiang tu zhi
ba zhong jian zheng

李正宇 著

甘肃人民出版社

《敦煌古本乡土志八种笺证》 甘肃人民出版社（2007.8）

李正宇学术文集 ❺

敦煌古代硬笔书法

DUN HUANG
gu dai
ying bi
shu fa

李正宇 著 李新 助编

甘肃人民出版社

《敦煌古代硬笔书法》 甘肃人民出版社（2007.8）

野火烧不尽，春风吹又生

——由《儒学贞义》的出版谈起

近现代伦理道德教育家，东北有王凤仪，西南有段正元。

——题记

《儒学贞义》是民国时期道德学社段正元社师的讲学集。甘肃·中国传统文化研究会重新选编并由甘肃文化出版社于2006年出版这位历史人物的言行录，是为新时期儒学研究和文化重建的需要。正如本书《序》作者范鹏先生所言："段正元对中国传统儒学的理解把握多有创见，许多被误解、曲解的思想经其诠释使人有豁然开朗之感，有些思想经其创造性地发挥，显现了新的思想境界与理论内涵，这也是我们关注段正元思想研究的一个重要原因。"

儒学经历了一个漫长的发展过程，概括说来有四个不同时期，即先秦儒学、两汉经学、宋明理学和近现代时期的国学。其间，尤其是清代中晚期，大的学术思潮有汉宋之争，今古文之争，经子之争。影响之大，以至于今天还有学者为此争论不休。晚清以来，在西方文化的强势冲击下，经学解体，科举废除，儒学的主体地位失落。新文化运动兴起，儒学被分割得七零八落，肢解、条块、材料化或称之为现代化，分别进入史学、哲学和文学等现代学科之内。许多知名经学家摇身一变，纷纷改称史学家。于是，20世纪史学大师层出不穷。儒学似乎就此完结成为历

《儒学贞义》一书的出版颇为不易。该书最初交由省内一家出版社审稿，后因故搁置。经学会同仁慈建磊引见，终于在甘肃文化出版社获准出版。在审定该书文稿期间，我和甘肃文化出版社周桂珍编辑就文稿标点进行了反复商讨，本书主编王晓兴教授与甘肃文化出版社车满宝副总编辑就保持原作风貌达成共识。车满宝副总编就本书的装帧设计建议由甘肃教育出版社审编徐晋林老师担任，他认为徐晋林是甘肃出版界最好的美编。我听了非常高兴，立刻欣然前往。徐晋林老师很认真地听了我的请求和本书内容介绍。时隔不久，封面设计完成。面对样稿，不觉让我眼前一亮：《儒学贞义》竖排的书名融合了明清线装书书签的设计元素，上方作者段正元先生头戴一顶瓜皮帽的肖像，顿时让人产生一种年代久远的沧桑感，书名旁以竖排楷体引用《序》作者范鹏先生的一段文字，寥寥数语可谓是点睛之笔，读者不用翻书，作者与内容一目了然。整体设计简洁而不失丰富，细致而不失大气，色彩搭配，清新典雅。真是名家出手，果然不凡。我喜出望外。从此，开始与徐晋林老师长达数年的合作。本会学刊《国学论衡》第五辑和会刊《新论语·国学通讯》也经他之手重新设计。

儒学发皇于春秋战国晚期，儒家是百家争鸣中的一家。其后，儒学遭遇了焚书坑儒的灭顶之灾，又迎来了独尊的殊荣。两千多年来，虽然朝代变迁，西域佛学一时盛兴，但它以夏变夷，改变同化融合了异域文化；援儒入佛，形成了以儒佛道为一体独有的民族文化。20世纪90年代，随着中国的崛起和国人对西方神话的反思，当代新儒家兰州大学哲学系杨子彬教授率先提出"复兴儒学，振兴中华，造福人类"的主张（详见1992年6月四川德

史。在此大潮冲击之下的民间教育，如再以儒学自称显然不合时宜，于是东北有王凤仪兴办女学，提倡女德，谓之善人道。西南有段正元成为道德学社的尊师。

早在1998年，我们就在本会学刊《国学论衡》（甘肃敦煌文艺出版社出版）第一辑上专文刊发了中国青年政治学院任真老师的

《段正元与道德学社》一文。其后不久，陕西师范大学韩星教授也在大众传媒《西安晚报》撰文介绍其人其事，引起社会广泛关注。2005年，本会与兰州大学哲学社会学院联合进行近现代儒学名人段正元研究。兰州大学哲学社会学院和陕西师范大学两校的研究生相继开展专题研究，并有学术论文发表出版。河南少年先锋学校也在中专部开设段正元思想专题研究，并于2012年4月举办段正元学术研讨会。同年11月，中国人民大学国学院也在北京举办段正元学术座谈会。

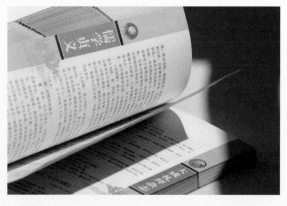

阳"儒学及其现代意义国际学术研讨会"）。其后，国学热、百家讲坛暨在全国蓬勃开展的"幸福人生"与"公民道德"两大论坛应运而生，一个多世纪饱受磨难屈辱和曲折的儒学又焕发出一派勃勃生机，儒学的春天，气象万千。

朱林 甘肃·中国传统文化研究会副会长、秘书长

《书目答问》对编辑出版工作的启示

徐晋林

2011年，我对刘延寿先生进行了一次访谈，主题是怎样才能做好编辑工作。随即就访谈内容整理成一篇文章，题目为《做编辑家，不做"编辑匠"》，这篇访谈文章发表在我们学会的《国学通讯》2011年12期上。事后思之，就深感做一个合格的编辑并不是看稿发稿那么简单的事。后来，读了晚清儒臣张之洞《书目答问》所附的《劝刻书说》，对于这个问题有了进一步的深刻认识。《劝刻书说》中这样写道："刻书必须不惜重费、延聘通人、甄择秘籍、详校精雕——其书终古不废，则刻书之人终古不泯。"意思是出版图书要聘请学识渊博的人从事编辑、校勘工作。站在当代编辑学的视角来解读，"延聘通人"即是要聘用学者型的编辑；"甄择秘籍"，是说编辑在选稿方面要有独到的眼光和高超的鉴别能力。他的主张对当代编辑工作依然具有重要的指导意义。

我从事书籍设计工作多年，深知学习和掌握中国传统文化

的基础知识对做好中国文化图书设计的重要性。这里，我就书籍设计，谈谈做传统文化书籍设计的一些思考。

中国近30多年的书籍设计经历了一个曲折的发展过程，从只重形式的盲目抄袭和无节制的个性张扬，渐渐回归到重中国传统文化的内涵上来。但是，目前我们的一些书籍设计者对传统文化的重要性认识得还远远不够，这主要是由于设计者的民族文化知识素养偏低，因此在设计中常常会找不到书的文脉，那自然就感受不到它的呼吸和脉搏。那些做得花里胡哨的包装，我认为就是一种放弃书籍文化价值的行为，做那些无谓的设计，无法应对

《国学论衡》第五辑 人民日报出版社（2009.7）

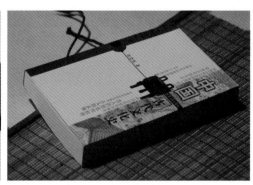

《中国古代文化史》 甘肃人民出版社（2005.5）

新媒体对传统出版行业的挑战，只能让人们离书越来越远。

中华文明源远流长，积累了底蕴深厚、丰富多彩的传统文化资源。3000年封建社会，儒家文化占据着统治地位。除此，道家文化，还有南北朝时期进入中原并被中华文化所改造的佛教文化，都对中国社会产生了深刻的影响。这些传统文化渗透在艺术家的创作中，形成了虽彼此交融而又各自侧重的艺术追求。比如，受儒家文化对艺术的影响，形成了"比德"的审美观；受道教文化的影响形成了自然生命艺术观，这种艺术观以"道"为本，认为道是先于天地万物而生，高于神仙鬼怪，超越感官存在；受佛教文化影响而形成的直觉感悟审美观，借自然以见性、喻性的思维方式，给艺术开启了一条新的表现之路。不同的美学思想，影响和推动着艺术的创新与进步，纷纷涌现的优秀作品丰富着中国的艺术宝库。这些大量融入和彰显了中国传统文化艺术的作品，历久弥新，熠熠生辉。如一些受佛家思想影响的作品，不受尘世的污染，其形态超

《承传与超越——现代视野中的孔子思想研究》 甘肃人民出版社（2005.12）

《唐宋八大家文选》上、下册　甘肃教育出版社（2004.4）　获"第六届全国书籍装帧艺术展览暨评奖"封面设计优秀作品奖（2004.12）　获"中国西部十省、区、市第十四届书籍装帧艺术观摩评奖会"封面设计二等奖（2004）

然脱俗，广照人性，容纳心性，具有永久不衰的意境留存。我们做书籍设计的人应该更多地学习中华各民族文化的精神内涵，用视觉语言给读者传达出传统文化的艺术精神，使书籍设计与传统文化的精神气质相吻合。

2006年，我为《儒学贞义》做书籍的整体设计。这是一部由甘肃中国传统文化研究会策划的有关民国年间一代大儒段正元的文集。由于这样的一个机缘，让我和朱琳先生相识，他是本会的副会长、秘书长。记得初次见面，我们就聊了一个下午，他不但让我了解到了段正元这位被中国传统文化研究专家称之为"中国近代史上鲜为人知的一代真儒、名副其实的现代孔夫子"的具体情况，还让我对中国传统文化有了更多的理解。和他聊天特别有"气场"。他并没有刻意而为之，而是在轻松自然的交谈中让

我对中国传统文化有了一次难得的学习机会。朱琳先生的人格魅力和精、气、神也是在那一次一下就吸引了我。同时，也使我深深感到我们做书籍设计的和作者的沟通不但非常重要，而且极其必须。后来的八年间我又陆续做了《新论语》国学通讯多期会刊的设计，和他交往更加密切。这期间，他因青光眼而视力急剧下降。开始时他一个人就可以来我的工作室，后来得有人陪着，两年后他的双目几乎什么都看不见了。大家经常劝他把精力多用在积极治疗和好好养病上，但是他却始终没有放慢对传统文化的研究和出版步伐。朱琳先生的精神令我敬佩。

大家都知道"中国结"吧！那是台湾著名设计家、中国乡土文化遗产积极抢救者、《汉声》杂志创办人黄永松先生经过四五年的时间从民间挖掘整理出来的，最终把编结艺术总结成

文白对照

精选名篇
白话注解
现代翻译
鉴赏评析

王人恩 编著

古代家书精华

《古代家书精华》《古代家训精华》《古代祭文精华》 甘肃教育出版社（2001.5）
获"中国西部十省、区、市第十三届书籍装帧艺术观摩评奖会"封面设计一等奖（2002）

11种基本结、14种变化结，并将其命名为"中国结"。

1971年，黄永松和吴美云创办的英文版《汉声》杂志出版了。他们一个代表文，一个代表图，两个人共同策划着杂志的内容，推动着杂志的发展。自创刊以来，让黄永松自己都料想不到的是，在以后40多年间，他的足迹会随着《汉声》走出台湾，走遍中国内地的乡野和村落。他采用田野实际调查兼及图片、摄影的手法，记录下中国偏远山村中潜藏着的许多丰富多彩的民俗文化。黄永松在民间采集中亲身经历的人和事，那些可触、可感、可亲、可爱的活生生感人的故事，常常感动着他；同时，他也深感传统文化在现代化潮流的冲击下处境的艰难。抢救民族文化，想方设法让传统文化世代承继并且得到弘扬，这是黄永松与《汉声》杂志社的同事们多年来所一直坚持着的。他逐一记录各种民间工艺的流程，力求使凡是读到这本书的人都能够学会制作，从而达到完全保存、传承民间工艺的目的。他们大量、全面、快速地从事着调查、采集及整理成书的工作，在40年的时间里，完成了大量民间文化的收集、整理和出版工作，不仅丰富了中华民族文化，同时也促使中国传统民间文化逐步融入世界文化群体之中。

黄永松先生40多年坚持深入民间，不断挖掘、整理中华传统文化，为中国民间文化的传承和保护做了大量的工作，为中国传统文化的发展奉献了一生；在中国传统文化的保护和传承中，他是一个与梦同行的人。黄永松先生令我感动。

2011年6月，我在北京专程拜访了黄永松先生，回来后写了一篇《黄永松：四十年守望民间》的人物文章，发表在《读者》杂志2011年第19期上；我们的《国学通讯》2011年12期上也作了转发。我的主要目的是希望在更大范围内唤起国民对传统文化的保护意识。

有这么多的敬佩和感动，我们做编辑工作的同仁应该怎么去想去做呢？记得已故著名书籍设计家张守义先生说过："书籍设计者就是与作家同台唱戏"。这些年，我更加体会到一些学者出书的不易，一本书也许是作者耗尽毕生精力的成果，收入了他的全部人生。他既然把书交到出版社，交到文字编辑和书籍设计者手中，我们就要对他付出自己的全部心血，认真体会文稿的含义，万不可在与作者共同演出的这个出版舞台中作为配角把戏给人家演砸了。

中国传统文化博大精深，我们要做的工作还很多，我对传统文化也只是有了一点肤浅的了解，要学习的知识还很多，今天参加我们的年会又是一次很好的学习机会。谢谢大家！

甘肃·中国传统文化研究会2014年会发言
《敦煌书坊》2014.10.13

不能忘却的封面设计

我曾经出版过一本图书，叫做《立身处世的学问》，还有一个副标题是"《论语》成语典故箴谏名言解"。当时主要是有感于许多成语、典故出自《论语》，而又没有人对它们进行汇集，于是便想来做一个小小的补白工作。在搜集成语典故的过程中，愈是朝前行进一步，愈是对于孔子和《论语》产生一分敬重和崇拜。我对于孔子和《论语》本来就有许多好感，特别是在退休前

夕开始认真学习《论语》之后，这种好感就更是与日俱增。收集工作完成之后，对于孔子的尊崇几乎达到无以复加的程度。一本只有16010字的书，凝结的成语典故竟然达到555条！有谁，又有哪一本书能够具有如此大的魅力，具有如此大的影响，具有如此大的荣耀，具有如此大的权威！而后，辅之以其中的一些箴谏和名言，在有关出版单位和管理部门的帮助下出版了。这本书并不可人可己，其中一个重要原因，就是出版后不久，我就发现书中有所遗漏，并没有认真思考和作进一步的统计，陆陆续续见到和感到的即有一二十处，比如仁者爱人、见仁见智、钻燧改火、子见南子以及仁者、荷蒉、钻火、三友等等。而且《论语》在当今传播过程中还在不断产生新的成语，如好之乐之、请事斯语、己立立人、己达达人等。

随着时光的流逝，许多东西渐渐都变得淡漠起来。我的那本书，就连我自己，一些内容也已经记忆模糊，但是那本书的封面却一直不能忘却，深印在脑海之中。

这是我省书籍设计家徐晋林先生的作品。

书是小16开本，前后带有单衬、扉页，看起来很是大方、大气。封面是连同书脊、封四以及前后勒口整体设计的。上面三分之一的位置是一幅横宽的山水国画，直达勒口的边缘，虽然主色只有淡红、暗黄和墨黑三种，却是给人以凝重、沉稳、质朴、静谧之感。下面三分之二是乳白的颜色，洁净、素雅、亲切、耐寻。纸张是230克的雅逸特种，隐隐约约地闪现出微微凸起的花纹，又让人感到一种超凡脱俗和高贵雅美的气质。书名"立身处世的学问"7个大字紧靠画面底线，一号宋体加粗，竖立在封面的端正中央，颜色与封面同一，而周围用深棕色的长条方框衬托推出，其上进入画面的是方框的上延，写着作者的名字，四号黑体标示，底色乳白，与下边主色同，又隐透着山水的图画。而在作者与书名构成的长条方框的四周，又有一条金色的装饰线围裹，更增加了书名的

《论语通解》甘肃人民出版社（2014.5）

庄重气氛。书名的下面，是横排的副标题"《论语》成语典故箴谏名言解"，深棕色的三号长黑，同样处于正中的位置，一枝源自于《论语》的散发着淡淡墨色的盛开的梅花弯曲于书名攀援上升并偎依在书名的身旁，与"立身处世的学问"相得益彰，相映成趣；下面，是一段五行的书中语评文字，同样是位于正中的位置。左下方是从太空看到的地球的一片弧形浅蓝。整个封面布局合理，字的用体和字号大小层次分明、得当适宜，看起来既不显得雕肿，又不显得空疏，一切都是恰到好处，浓妆淡抹，总合心意。衬页米绿，扉页的书名和副题与封面的安排大体相同，中间有半圆形的茂密的森林相隔，围捧着直冲云霄的"立身处世的学问"，极远之处是一片河水云雾的朦胧。

以上说的是封面和扉页的形式、美感。其实，最为重要的还在于设计构思的奇巧立意和它所蕴藏的人文内涵。在我看来，一幅横贯东西两极的山水国画，寓含的是中华文化的源远和传承。中国人尊崇做人做事要端庄居中、持身公正，中国的"中"字就是中国先祖崇尚的见证，垂直正中的设计恰是充分体现了中华民族所固有的中中、中允、中央、中正、中立、中直、中道、中行、中理、中通、中和、中庸以及将心比心、推己及人、不偏不倚、无过而又无不及的立身处世的思想和美德；竖立的"立身处世的学问"的书名坐落于副题"《论语》成语典故箴谏名言解"之上，寓含的是书中所述出自《论语》，是从《论语》成语、典故、箴谏、名言中引申而出的做人做事的道理。那一枝从《论

语》之上伸出的散发着淡淡墨色的盛开的梅花沿着书名盘旋而上，就更说明了《论语》是立身处世沃土的这种含义。而从太空远望地球的那一片浅蓝，进一步说明了《论语》的普世价值，特别是孔子，他是属于全人类的一位伟大的思想家和文化大师。这就不得不使人想起，1988年1月，世界各国诺贝尔奖金获得者在法国巴黎的聚会，那次会议的主题是"面向21世纪"，瑞典物理学奖金获得者汉内斯·阿尔文在新闻发布会上发出了惊天动地的呐喊，他庄严地告诫处于地球这个星球上的政治家、哲学家、思想家、科学家、文学艺术家，还有我们每一个人："如果人类要在21世纪生存下去，就必须回到2500多年前，去汲取孔子的智慧！"而扉页上独立高出的书名，它也在向我们进一步昭示：人生在世，做人第一！

我新近又出版了一本书，叫做《论语通解》，是我学习《论语》的深切体会，书的装帧也是晋林先生设计的。这是他在刚刚参加省上一次传统文化年会之后所设计的第一本传统文化图书，其中寓含着他对传统文化的新的理解和认识。

书的设计是以《论语》原文为背景的，置于封面的上方，从前勒口开始，横通封面、书脊、封四直至于后勒口，竖排、繁体、没有标点，各章之间只有一字空距相隔，墨色，淡淡地显示在浅浅豆绿的底色之上，映入读者的眼帘，古香古色，想要告诉你的是古书的原本面貌，所谓《论语通解》是对这样一本古书的阐释。封面靠近边沿的上方是"论语通解"四颗大字，楷体，一

笔一画，暗含着传统的一种严肃、庄敬。靠着书名内侧的是通天通地的四厘米宽的白色条幅，其上半部分是书中一章的原文和"注"、"译"、"解析"，不但大体反映了这本书的一般编写体例，而且反映了图书的一个突出特点，即对于传统成说的突破，赋予其全新的意义；其下部分是隐隐约约的一幅传统彩色山水画，一位老者站在磐石之上，仰望长思，正应了孔子弟子颜回对于孔子评价中的两句敬语——"仰之弥高，钻之弥坚"，这也恰好说明作者学习《论语》中的一种感受和心境。国画的一侧，是一个深驼色的圆圈，其中有一个团花的图案，其意含与其上书名"论语通解"之"通"相关，它告诉我们，《论语》之解，贵在圆通，贵在要自圆其说。时代在不断向前发展，对于《论语》的理解也应该跟上时代的步伐，不断揭示其新鲜含义，而不能总是囿于过去。封面内侧的下方半边，亦即在仰望长思老者的背后，是浅浅豆绿的一片空白，意在给人以无限遐想。

封四竖排原文之下，是一条留白宽带，在隐隐约约一幅传统山水画的上面，也是摘录了书中的一章原文和对它的"注"、"译"、"解析"文字。与封面意蕴不同的是，它所体现的是这本书的另外一个突出特点，即对《论语》原文书写中一处误写的纠正。

概言之，两书的整体设计洁雅、肃静，突出了图书的文化内涵，突出了封面设计与图书内容的密切关系。

俗话说："看报看题，看书看皮。"报题和书皮是我们看报看书首先进入眼帘的部分，决定了对人产生的是吸引力还是排斥力。好的报题和封面引人注目，给人新鲜感、美感，不但赏心悦目，而且能够从报题和封面的设计中联想到这篇文章、这本图书所蕴含的一些信息，引发人的联想，让人有无限遐思。以我这两本书的整体设计来体味，晋林先生熬尽神机、煞费苦心，达到了这样的目的。

《甘肃审读简报》2014 年 1 期

于淮仁

于淮仁 甘肃新闻出版局原副局长

《老子别解》甘肃教育出版社（2007.1）
获"第七届全国书籍设计艺术展"优秀书籍设计奖（2009.10）

《**甘肃通史**》8卷 甘肃人民出版社（2009.8）

书籍设计是艺术，不是装饰

——就《甘肃通史》装帧设计说开去

记得一位编辑同仁传达过这样一个信息：有位美国学者对装饰和艺术的区别作了这样的价值评判——

装饰是外表，很好看，但看过就忘了。艺术则是精神，是内里的东西，能够长久地存在于人的记忆中。

这话我信。特别是亲历了读者出版集团的书籍设计家徐晋林先生为我社重点出版工程《甘肃通史》的装帧设计过程之后，更加深了我对美国学者上述价值评判的认同。

作为读者出版集团旗下甘肃人民出版社的一位职业文字编

辑，我和老徐有过多次合作。我虽不谙书籍设计，但从老徐身上感受到了什么是真正的书籍设计艺术；也感受到了一个有思想、有个性的书籍设计编辑是怎样成为"家"而不是"匠"的。远的不扯，就说《甘肃通史》的装帧设计吧。晋林这次接手的设计对象，是一项了得的出版工程——一部承载着和祖国历史共长短、具有深厚文化积淀及区域特征鲜明的西部大省——甘肃的历史巨著。面对八卷本的皇皇大作，晋林既没有望而却步，也没有急于求成，而是沉下心来进行设计前的调研，即深入了解《甘肃通史》各卷内容的特色和亮点，努力使自己的设计思想"进入状态"，及时把握设计灵感。

甘肃是中华民族和中国文明的重要发源地，中华多元文化的轴心——黄河孕育了以伏羲文化、大地湾文化、马家窑文化为代表的新石器时代的史前文明，也铸就了古、近、现和当代的文化甘肃之历史辉煌。悠久的历史传统，深厚的文化底蕴，多样的民族融合与伟大的社会实践，发育成了甘肃特有的精神气质和民族性格，形成了艰苦创业、锲而不舍、包容创新、团结奋进的精神品格——甘肃精神。简而言之，这大概正是晋林深入思考的设计思路之背景所在。

从2007年开始，他前前后后总共设计了三套方案，细节修改无数次。期间因为书稿定稿时间延长，设计工作一度中断。恰恰是这个中断的间隔期，使《甘肃通史》的装帧设计有了转机，在中断的期间，老徐查阅了许多材料，和文字编辑对话交流，适时捕捉设计艺术思路。知天命之年的老徐非常敬业，我打心眼里佩服。记得有一次，我和他去印刷厂盯校版式，从下午一直干到晚上10点多钟，那时社里条件艰苦，部门没有工作用车，印厂所在的地方晚上治安不太好，排版员是位女同志，我们只能打的把她送到家中，然后再各自回家，赶回到家中，已是夜里12点多了。

有道是人活着就是要有股精神。老徐的书籍设计艺术之所以成功，大凡是这股精神在起着重要作用。经过一段的潜沉和深思，2009年老徐拿出了一套全新的设计方案，这套方案就是目前呈现在读者面前的《甘肃通史》。《甘肃通史》，从远古到改革开放，按时间顺序和发展阶段分编为八卷，即先秦卷、秦汉卷、魏晋南北朝卷、隋唐五代卷、宋夏金元卷、明清卷、中华民国卷、当代卷。对这八卷出版工程的封面及版式的设计，晋林既有全套

书的整体设计布局，又有对各卷的设计安排。总的印象是，封面布局简洁有创意，反映了历史作品特有的质感，具有浓郁的文化韵味；"甘肃通史"书名四字烫黑金，庄重严肃，有历史的严谨和沉稳；每卷设计有与本段历史呼应强烈的历史文化图标，表现了每卷的历史特点，如先秦卷骑射图，张扬了甘肃先民开疆拓土、昂扬向上的崇高精神与奋斗品格。骑射图采用凹凸工艺，既是时尚工艺的采用，更是一种激情与力量的放射，甘肃先民艰苦拼搏的激烈场景呼之欲出，热血沸腾，荡气回肠。书名、作者、出版者、历史图标等设计要素从上到下，排成一列，位居封面的右边，约占封面的四分之一，四分之三的部分全部空白，原汁原味的纸质色展示了无穷无尽的历史空间。

书籍设计艺术是无声的语言、形象的语言，它能告诉我们什么呢？仁者见仁，智者见智，千万个读者就有千万个形象，一花一世界，《甘肃通史》的艺术设计也不例外。但是它所蕴含的文化意味都可以让读者不断地去诠释，《甘肃通史》将伴随着读者一路走下去。

李树军

李树军 甘肃人民出版社社长、总编辑

《西北行记丛萃》10册 甘肃人民出版社（2003.8）
获"第六届全国书籍装帧艺术展览暨评奖"整体设计优秀作品奖（2004.12）
获"中国西部十省、区、市第十四届书籍装帧艺术观摩评奖会"整体设计一等奖（2004）

《典故选读》 甘肃教育出版社（2000.4）

《古汉语常用实词辨析例译》 甘肃教育出版社（2002.4）

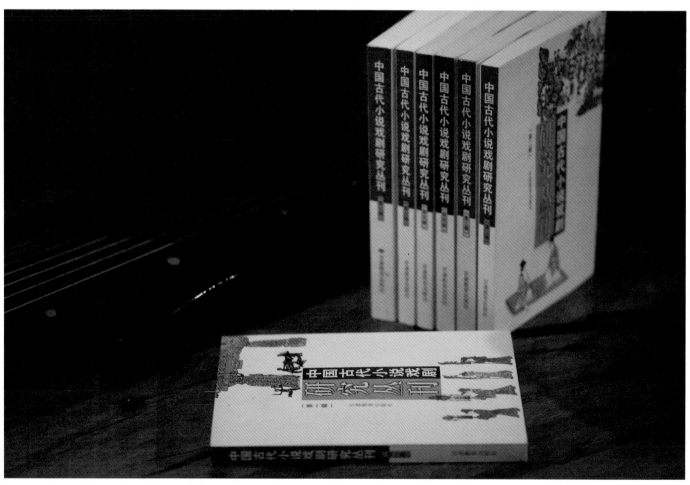

《中国古代小说戏剧研究丛刊》1-7 辑 甘肃教育出版社（2011.4）

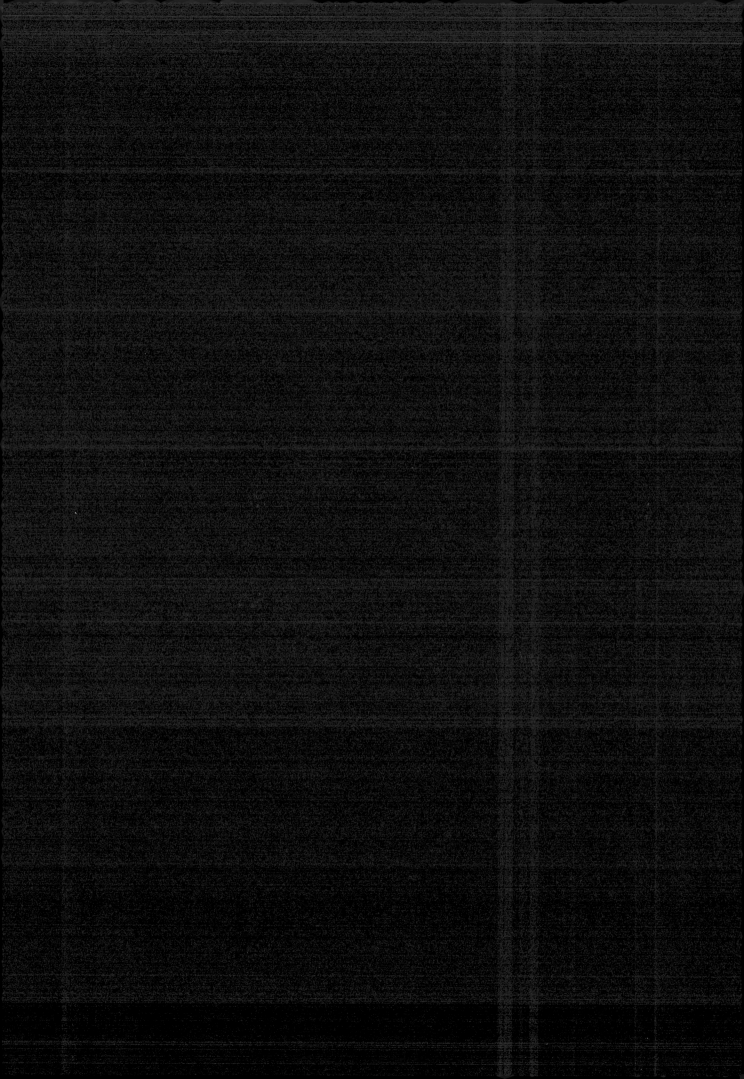

徐晋林设计工作室

藏文化 · 民族宗教 · 因明学

走进神秘的藏民族文化

——藏族书籍设计随想

徐晋林

西藏，中华民族的西南疆土，是一片凝重、庄严、神秘的土地，在这块谜一般的土地上，不仅处处显示着历史前进的足迹以及优秀的高原文明与文化成果；同时，也并存着生命轮回的文化积淀和浓烈神秘的宗教文化氛围。

西藏自古以来就有着强烈而神秘的宗教气氛，随着宗教的繁衍而派生出各种宗教艺术，其中如寺院的建筑，千姿百态的佛像造型艺术，秀美的唐卡、堆绣和佛教壁画，充满象征意义的法器、法乐、法舞，以及各种金、木、石雕刻装饰用具，都是世代代民间艺术家精神世界的表露。他们对宗教的虔诚和奉献，在这里得到了淋漓尽致的发挥；也为藏文化书籍装帧艺术的创作提供了丰富的素材。当你走进西藏，感受那凡山风貌，寺庙经幡，高原小镇，边疆村落，康巴汉子，藏族少女，僧侣活佛，古道邮车，赛马盛会等等，你会感受到神秘与传奇，神话和传说，世俗平凡和朴素真诚的记述。可以说那是天外传来的召唤，是一种蕴涵深远的情感，需要我们用整个身与心去感受和体悟。

近年来我为一些藏文化方面的书籍做装帧设计，这些书籍有纯藏文的，有从藏文经典著作翻译成汉文版的；也有把世界文化名著译为藏文的。有了这些书籍的设计任务，使我渐渐地对藏

文化产生了更多的兴趣；也通过这些书籍的设计对藏文化的很多方面增加了更多的了解。在了解和欣赏藏文化艺术的同时，我总是琢磨怎样把握其文化内涵并使之在设计中恰当地引入，以加深对装帧设计民族化的理解。我努力追求有感情的意境，使之在封面、书脊、封底、勒口、扉页、书腰、插页、版式等的设计上，都能深入发掘书籍的文化背景、文化蕴藏，找到藏文化应具有的文化气质。有了这些，装帧艺术作品就能够"石蕴玉而生辉"，产生一种深邃的、恒久不衰的艺术魅力来；而缺少了这些因素，装帧作品即使形式感很强，也经不起人们的推敲，看不出多少文化内涵来。

"藏学"，顾名思义，它是研究藏族的一门学问，涉及藏民族的历史、传说、风俗、语言文字、宗教哲学及文化艺术等诸多方面。《佛理精华缘起理赞》一书（由甘肃人民出版社出版），是当代藏族著名学者多识·洛桑图丹琼排活佛荟萃藏传佛教史上最伟大的佛学家、因明家、素有"第二佛陀"美称的宗喀巴大师数

篇语言精练优美的诗体佛学名作，以通俗易懂、深入浅出的语言进行翻译、讲解的作品，是认识理解藏传佛教格鲁派教义及宗喀巴思想的入门宝典。在这本书的设计中如何传达藏传佛教的文化内涵，体现出藏传佛教的博大精深，不仅要具有鲜明的民族特点，同时也要有较强的地域文化色彩，更要体现出藏民族的文化神韵。藏传佛教有许多地方至今仍为其他民族所无法理解，许多人以神秘和迷茫的眼光望着这片雪域高原孕育出的文化。设计这本书时就不能急于操笔，由于宗喀巴及其信众戴黄色的僧帽，故又俗称黄教。黄教有六大寺院，了解到这些知识，才能在众多的藏族文化中寻找到能够反映宗喀巴佛学思想和因明学说的精神内涵，这样就能把握本书的装帧精髓，能在创作中充满活力。在本书的装帧设计上不仅要追求画意、诗意，更重要的是追求哲意。画意、诗意是设计本书意境的较浅层次，而哲意才是设计意境的更深层次，因而更具深远的意味。

《西藏的观世音》一书（由甘肃人民出版社出版），是有史以来第一本翻译成汉文出版的西藏特有的神秘圣物——"地下掘藏所得宝书"。作者是印度高僧阿底峡尊者，本书记载了大悲观世音的弟子化身的猕猴禅师与罗刹女结合孕育西藏先民的神秘历史，以及观世音化身西藏王松赞干布在西藏破除蒙昧、弘扬佛法的传奇经历。虽说传统文化类书籍中那久远的时空限制和独特的文化范畴往往给设计者带来很多制约，而生活于不同地域的民族必然产生不同的文化结构与相对有异的稳定的文化内涵，成为有别于其他民族的气质、建构起其艺术的主流。本书生动的神话传说和那一幅幅画面，即"素材"的运用正是此书设计中不可缺少的一个重要组成部分。这些素材的文化内涵成为设计创意中灵感的源泉。我在选用一些神话传说素材的同时，还注意对所使用的素材做认真细致的了解，特别是对宗教民俗方面禁忌的慎重使用。藏族的宗教传说故事极其丰富，是世界文明史中光彩夺目的文化遗产。在千余年的藏传佛教历史演化进程中，这个民族不断将自己的精神信念寄托在寺院里，绘制在唐卡上，印写在经幡上，雕刻在石头上。日积月累，年复一年，终于在这片雪域高原孕育出了一种与这个民族粗犷的自然环境和沉重的历史步履表里一致的特有文化以及精美的宗教艺术。

《雪域民族文化博览丛书》（由甘肃民族出版社出版），是由《雪域气息的节日文化》、

《安多藏区甘、青、川古代美术遗迹考究》 中国文联出版社（2008.9）

《丹珠尔藏医药学文献精要》甘肃民族出版社（2008.4）

脊特色的游牧文化。一定的海拔高度，有时竟阻止了人的交会与流动，从而使一些特殊地域完整地保持了自己的生命文化形态。青藏高原就是较好地保持了自己的生命文化形态的地域。这是对人类文化的贡献，是世界文化遗产宝库中一颗稀世珍珠。这套丛书涉及藏民族文化的方方面面，在选材上也极为丰富，在图片的选择过程中，将涉及设计者与内容间的交融，设计者与读者间的交融的双重关系。既简洁鲜明，又浑厚质朴；既飘逸洒脱，又典雅蕴藉。这一切可以给人以舒畅、赏心悦目等不同的审美感受。我在设计中尽量简化设计元素，压缩精简内容，没有使用藏族特有的红、绿、黄传统的色彩，而是大面积留白。本书中特殊装帧材料本色的利用，显现出特种纸原有的颜色和机理，使人感到有变化，有对比，有生命力，甚至给人以色彩的联想。封面上的每一幅图片的位置、大小、深浅，线条的粗细，书名字的字体、字距，笔画粗细等变化，布局疏密的差异，从设计的局部到整体，我都做了周密的考虑。

《天葬——藏族丧葬文化》、《青藏高原游牧文化》、《高原藏族生态文化》、《藏族独特的艺术》等10册书构成的。一个民族的历史文化遗产是否悠久，是否有特色，与这个民族积淀的民俗现象有着直接的关系。民俗文化是这个民族历史的积淀、创造力的积累，也是这个民族精神文明、物质文明水准的真实写照和记录。一个有着悠久历史并创造了灿烂、独特的文化的民族，它的民俗文化也必然是厚重的、绚丽的、立体化的。作为民俗文化主要内容的节日文化，更是如此。雪域藏民族是一个拥有丰富节日的民族。这些节日，既有轻松狂欢、尽情宣泄人类情感的，也有充满神秘威严、折射神灵世界的；既有天人合一、享受大自然美景的，也有神圣庄严地拜佛祭神、追念佛祖业绩的；既有季节性的，又有固定不变的；还有憧憬未来幸福、祈求丰衣足食的。总之，整个藏民族的节日纷繁多姿，交叉融贯，组成了一条完整、系统的社会画廊。在当今世界上，藏人的天葬葬俗更是包含着那么多的神秘性、诱惑力。古老而智慧的藏民族在严酷的自然环境下，创造出了具有鲜明世界屋

《藏族文化发展史》（由甘肃教育出版社出版），是我国第一部较为完整地描述藏族文化发展历史的学术专著。全书共分藏族史前文化时期、苯教文化时期、藏传佛教文化时期、社会主义藏

《藏族远古史》甘肃民族出版社（2010.7）

《藏译世界名著丛书》6 册　甘肃民族出版社（2011.7）

族新文化时期等四篇二十四章。作者根据自己的研究成果和理论框架，全面、系统地阐述了波澜壮阔、博大精深、风格独特的藏族文化在每一个历史时期的形成、发展、嬗变过程及其基本形态特征。这是一本大32开的精装设计（上、下册），护封——以深浅不同的两个大色块分割画面；上浅、下深，增强稳重感。书名居上横排，占其醒目位置，突出了设计的第一要素——书名。书名下排以圆点和方点色块，使稳重的画面产生了灵动的变化。书名下用一条弯角细线将两点与书名照应起来，又使画面产生完整、统一感。运用点、线、面设计要素也是非常必要的。硬壳封面——有别于护封的稳重感，将设计形象偏向右角。书名竖排也别于护封书名变化的手法。三个大小不同的长方形与一圆形紧密相连、节奏紧凑。上方紧靠色块排内容提要的小字增强了书籍的文化性和画面的松动变化。另外，扉页设计形象偏下右，前后环衬采用深红色的满版大实底等等设计语言都体现了设计反映内容气质的用心和效果。设计素材的运用也极其重要；画面上出现的岩画、瓦当、石雕、浮雕等形象都与藏族文化、历史有关联。

雪域是文化气氛浓厚的艺术化的土地。这里的绘画、雕塑、铸造、建筑……无不透着令人兴奋的艺术光辉。然而，无论是古老的唐卡、堆绣作品还是壁画、浮雕，许多题材仍与宗教有关，在一定程度上，佛教构成了雪域高原文化、艺术、文献的精华。每当自己设计一本新的藏文化方面的书籍时，总有一种进入一个被涂抹了现实与超现实色彩的世界，游弋在神话传说的海洋里的感觉……但藏民族文化是那样的博大精深、瑰丽多姿，我只是由于藏文化书籍的设计才偶涉这片神奇的海洋。我被强烈地吸引着，虽然只撷得了几滴浪花，已经受益匪浅。我深知，要更深入地了解藏文化，把握它的精华，并在书籍装帧艺术中找寻到其相应的表现规律，使之得到艺术的升华，创造出具有震撼人心的力量的作品，仍需要我付出艰苦的不懈的努力。

《甘肃新闻出版》杂志 2001 年 1 期
《甘肃出版科研论文集》第 3 辑　甘肃人民出版社 2007.8

ZANG MI XIN YAO SHI JIANG

藏密心要十讲

邱陵 著

甘肃民族出版社

菩提心释 求师须知 灌顶的意义 闭关要领

如何引气进入中脉 如何修持空性

如何得见明体 如何生起和收摄空色

如何进入法界大定 如何修梦

大圆满隆钦心髓六加行 驱魔障 论发菩提心

空乐大手印生起次第简修法

时轮金刚生起次第修法 深道上师瑜伽和夜间瑜伽

无死瑜伽与虹身修法

小大乘修空及乘大手印、大圆满、禅宗辨微

《藏密心要十讲》 甘肃民族出版社（1998.6）
获"首届中国设计艺术大展"书籍装帧一等奖（1998.9）

074

生存空虚说　　文明论概略　　人生的亲证　　论道德的谱系

健全的思想　　论19世纪英国自由主义　　杜威教育论著选　　宗教的本质

《藏译文化名著丛书》8册 甘肃民族出版社（2002.12）
获"第六届全国书籍装帧艺术展览暨评奖"整体设计优秀作品奖（2004.12）

《青藏高原生态保护漫谈》 甘肃民族出版社（2006.6）

《佛教与西藏古代社会》 甘肃教育出版社（2006.9）

《东科诗歌集》 甘肃民族出版社（2002.9）

《拉卜楞藏文典籍丛书》9卷 甘肃民族出版社（2011.3）

藏学图书的出版，不仅要有丰富的藏文化内涵，还要有精致的装帧和吸引读者的封面设计。徐晋林先生在藏学图书装帧设计方面展现了独特的才能和艺术修养，对藏文化图书出版传播做出了贡献。

多识仁波切　天堂寺第六世转世活佛
西北民族大学博士生导师

《当代藏族作家诗歌丛书》11 册 甘肃民族出版社（2011.7）

《合作地方志》 甘肃民族出版社（2010.7）

《当代藏族作家随笔丛书》5 册 甘肃民族出版社（2011.7）

《藏汉词典》 甘肃民族出版社（2009.8）

ཀ ཀ་ལུ་ཆུ་གསས་ཁ་སྒྱུར་ལེགས་སོ།། སྐྱེ་དང་།

སྐྱ་ལུ་སྦས་སྲེ་ ༡ སྤྱན་ཚེ་ཁ་ལ།།

ཐེ་འཕྲུལ་ལ་གྲི་ཁྱད་ ལ གས་པ།།

གང་ཚོ་ བུ་གི་ཚ་ལ ཁ།། ཟུ་ཤི།།

ཉག་ཁ་དྲི་ཞུ་ཁྱི་ཡང་།།

ཕྲི། ༢༠༡༢.༡༢.༡༡

先生所设计的封面，一方面充分体现了鲜明的民族特色，同时又融入作者独特的创作风格，从整体而言，封皮材质优良，主题突出，干净大方，颜色和图片搭配非常适合本人意图。在此表示衷心感谢！

阿旺·班玛诺布活佛 龙什加寺第五代法座

ཚེ་རབས་ཀུན་ཏུ་བྱང་ཆུབ་སེམས་དང་མི་འབྲལ་ཞིང་།

ཡོན་ཏན་ཀུན་གྱི་རྒྱན་གྱིས་བརྒྱན་པའི་ཆོས་ཀྱི་ཕུང་པོ།

རྣམ་དག་བཀའ་དང་བསྟན་བཅོས་ཆོས་ཀྱི་སྒོ་ཆེན་འབྱེད།

ལེགས་བཤད་གསེར་གྱི་སྙེ་མ་ལ་ཆགས་བྲང་བའི་བུ།

རིག་པའི་གནས་ལ་དབྱངས་ཅན་རྒྱལ་མོའི་གདན་ས་ཆེ།

འཛམ་གླིང་ཡོངས་ཀྱི་ཁྱད་ནོར་ཆོས་ཀྱི་ཕ་ནོར་བུ།

རབ་དཀར་དགེ་བའི་ལས་ལ་ནན་ཏན་བྱེད་པའི་བློ།

རྒྱུད་རིག་དབང་ལྡན་ཆོས་ཀྱི་ཕུང་པོ་དགུ་བཅུ་སྟོན།

佛心慧语晋林先生静悟

所谓佛教者，自性清净法，

远离狂独尊，一切偏执网。

众生成正觉，始于善教故，

因此妙语莲，施甘露法雨。

广说蕴处界，以图摄达摩，

众苦得熄灭，同证如来智。

扎西加措喇嘛　拉卜楞寺大格西、俄然巴、多然巴

《宗教源流史》甘肃民族出版社（2010.7）

获"中国西部第十六届书籍艺术交流暨优秀作品评选会"设计二等奖（2010.10）

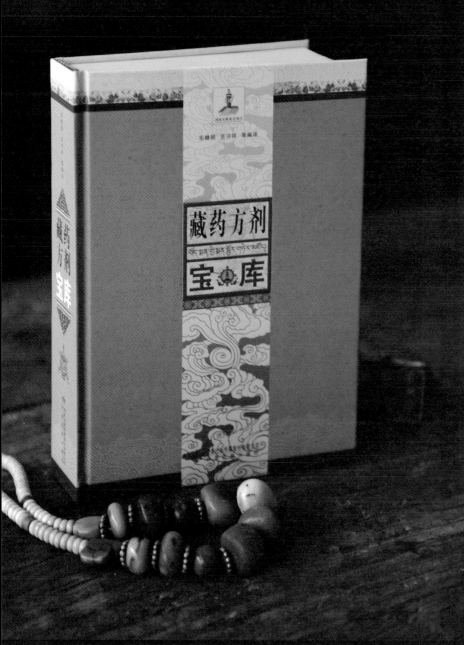

《藏药方剂宝库》 甘肃民族出版社（2014.6） 国家出版基金项目

《西藏教育五十年》 甘肃教育出版社（2002.8）
获"第六届全国书籍装帧艺术展览暨评奖"整体设计优秀作品奖（2004.12）
获"中国西部十省、区、市第十三届书籍装帧艺术观摩评奖会"整体设计一等奖（2002）

《当代藏族学术研究丛书》7 册 甘肃民族出版社（2012.8）

《松巴佛教史》 甘肃民族出版社（2013.3）

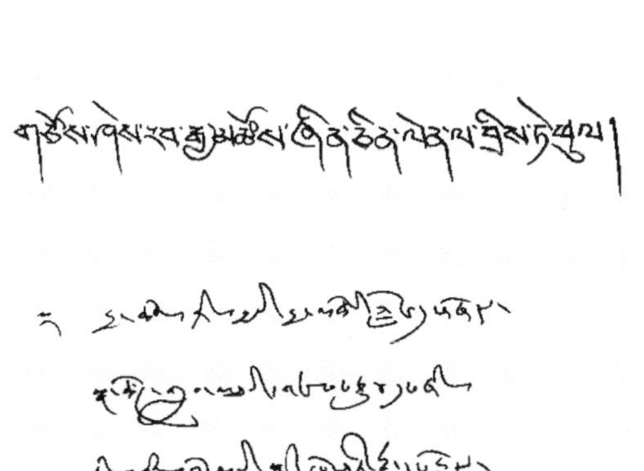

喜饶嘉措喇嘛赠徐晋林

追溯法脉源流，
博取佛家之道，
彰显宗教文化，
传承民族精神。

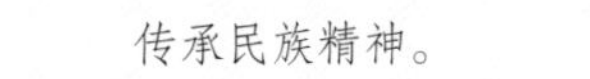

泽·喜饶嘉措喇嘛 合作寺格西、学者、翻译家

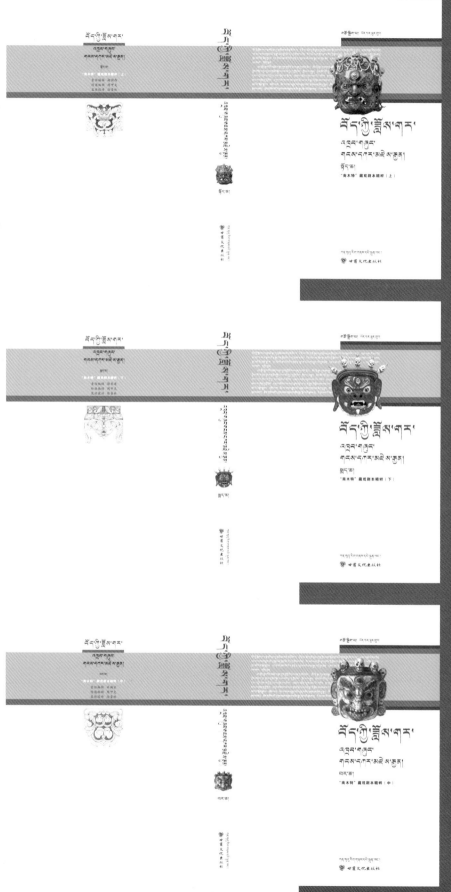

《"南木特"藏戏剧本精粹》上、中、下 甘肃文化出版社（2010.12）

玛尼石 六字真言

评《藏族文化发展史》的封面设计

　　最近看了徐晋林先生设计的《藏族文化发展史》的封面，觉得是一帧设计风格独具、内涵丰富的好设计，他对该书所投入的设计思想和表现手法引人注目。这是一套大32开的精装设计（上、下册），其护封、硬壳封面、环衬、扉页等无不体现着精心的设计：

　　护封——以深浅不同的两个大色块分割画面，上浅、下深增强稳重感。书名居上横排占其醒目位置，突出了设计的第一要素——书名。书名下排以圆点和方点色块，使稳重的画面产生了灵动的变化。书名下用一条弯角细线将两点与书名照应起来，又使画面产生完整、统一感。很巧妙地运用了点、线、面设计要素。

　　硬壳封面——有别于护封的稳重感，将设计形象偏向右角。书名竖排也别于护封书名变化的手法。三个大小不同的长方形与一圆形紧密相连、节奏紧凑。上方紧靠色块排内容提要的小字增强了书籍的文化性和画面的松动变化。

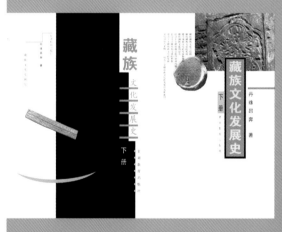

　　另外，扉页设计形象偏下右，前后环衬采用深红色的满版大实底等等设计语言，都体现了设计反映内容气质的用心和效果。设计素材的运用也极考究：封面上出现的岩画、瓦当、石雕、浮雕等形象都与藏族文化、历史有关联。

　　我从事书籍装帧设计工作数十年，从来不敢轻视书籍装帧设计，其中的辛苦滋味至今难忘。这是一种挖空心思的营生，日复一日、年复一年把自己的精力和才智投向百种、千种设计。它不同于一般艺术（美术）作品的创作，要紧的是要从属于书稿内容，即设计要体现书稿的内容气质，并且要做到大家都满意。所以，能搞出一帧好的设计并非易事。

　　晋林从事书籍设计十几年，有丰富的设计经验。记得去年他设计的"陇文化丛书"，获第五届全国书籍装帧展（北京）铜奖。期望他有更多更好的设计作品面世。

《甘肃书讯》报 2001 年 8 月 4 期

王占国 甘肃人民美术出版社编审

《藏族文化发展史》上、下册 甘肃教育出版社（2001.4）
获中宣部第八届精神文明建设"五个一工程·一本好书"奖（2001.9）

《当代藏族作家小说丛书》3 册 甘肃民族出版社（2010.12）

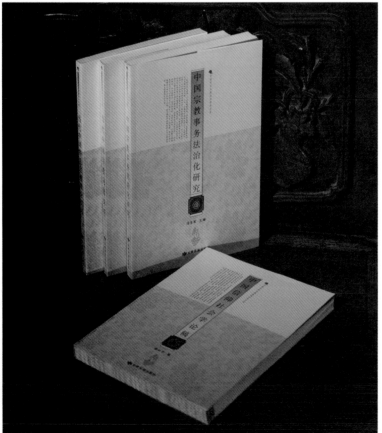

《中国民族宗教高端学术文库》4 册 甘肃民族出版社（2013.6）

《东乡语汉语词典》 甘肃民族出版社（2012.10）

回族典藏 经典设计

2008年9月，全套达235册、分装15大箱之皇皇巨著，中国历代回族古籍文献集成《回族典藏全书》由甘肃文化出版社正式出版发行！这部承载着回族几代学人梦想、凝聚着几代专家学者心血和汗水的大型回族古籍文献整理成果，被学术和出版界誉为"回族的四库全书"。

中国著名回族与伊斯兰教研究专家林松、余振贵、马启成、马明达、杨大业、杨怀中等参与论证和指导，著名回族古籍文献专家吴建伟、雷晓静等组织发动国内一大批回族古籍工作者，历尽艰辛，在全国各地图书馆、旧书店、清真寺、穆斯林聚居地广搜博采，钩沉索幽，历时十多年，终修成正果。

《回族典藏全书》共搜集整理五代至民国时期的回族典籍

539种,3000余卷、约一亿两千万字。依内容分为宗教、政史、艺文和科技四大类，其中宗教类209种，政史类112种，艺文类148种，科技类70种。所收回族古籍，大多散存于国内图书馆和民间；从版本看，木刻版居多，也有石印本，清末民初以铅印较多，还有少量手抄本，其中不乏难得一见的绝版孤本，文献和版本价值极高。回族著名历史人物如高克恭、马文升、海瑞、李贽、刘智等的作品也尽收其中，实属不易。所收书籍种类之多、数量之大、范围之广，实现了历史的突破与跨越，填补了我国历史上无系统整理回族汉文古籍文献的空白。

面对规模如此巨大的回族古籍文献影印出版项目，首先，我们出版社按国家规定向新闻出版总署做了重大选题备案；其次，集中了最强的编辑力量对近十万页文献逐页进行精心核校，确定并标注版本信息；第三，就是关系到这部典藏全书以何种面目问世，即装帧设计。一开始也是传统思维，想请北京的名设计师来为这套大书打造一身高端漂亮的"嫁衣"，可多次尝试后才发现，外面的和尚也许好念经，但水土不服，加之山高路远，沟通不便，做的几个设计都不太理想。似乎顺理成章，我想到了在咱甘肃做重点书装帧设计声名远播的徐晋林先生。

徐先生是20世纪80年代西安美院毕业后进入读者出版集团的书籍设计家，学院派的艺术功底和书籍设计的工艺追求得到了完美的体现，在20多年的设计实践中，他把最具甘肃特色的敦煌文化和民族文化元素充分运用到书籍装帧设计中，形成了独具特色的设计风格，一系列获得大奖的敦煌历史文化类大型图书和藏传佛教、伊斯兰教历史文化精品图

《回族典藏全书》235册 甘肃文化出版社 宁夏人民出版社（2008.8）
获"第七届全国书籍设计艺术展"优秀书籍设计奖（2009.10）
获第三届"中华优秀出版物（图书）奖"（2010）

书的精美设计，见证了徐先生在书籍装帧设计道路上的探索创新和艺术追求，我社也在"甘肃行业史话丛书"等重点图书设计上和先生有过不少愉快的合作。

在《回族典藏全书》的整体设计上，徐先生特别强调：一要体现古籍文献的历史感和永久保存；二要把回族及伊斯兰文化特色表达出来；三是材料的考究和工艺的创新。而这三点，正是我作为这套大书的出版总监和责任编辑梦寐以求的理想。春秋《考工记》中说："天有时、地有气、材有美、工有巧，合其四者然而可以为良；材美、工巧然而不良，则不时，不得地气也。"徐先生的设计理念与实践正是如此。

那年的春风和夏暑一定记得徐先生为追求最佳设计效果所付出的辛劳：方案被一遍又一遍修改，精心打磨每个细节；材料在印厂一次又一次试验，就为了让每种材料呈现出独特光芒。功

夫不负有心人，这套大书最终亮相的整体设计借用一句当下网络红词来总结就是：高端大气上档次！

先看封面：经典意大利高级变色皮，来自高品质的变色环保PU皮，质感和触感都极具人性化，高端品质一览无余；整个封面选择了一副经典伊斯兰风格建筑之门的装饰图案，经电脑雕刻成铜版，用高温烫印变色技术呈现，图案厚重大方，皮质纹理自然，喻意开启回族文化之门；书名竖排烫金字置于图案"门"之内，作者和社名烫黑金分置于右上和左下，和谐呼应。

再说环衬和扉页：环衬选用品质上乘的珠光纸，色调可随人的视角变化而呈现出不同的色彩效果，给人以梦幻的感觉；扉页选择了艺术纸系列中的星语纸，纸面呈现点点璀璨之星，配以书名等文字，给人以行云流水般动感。

最后是正文：在版式上，完全保留了古籍文献原有版面的

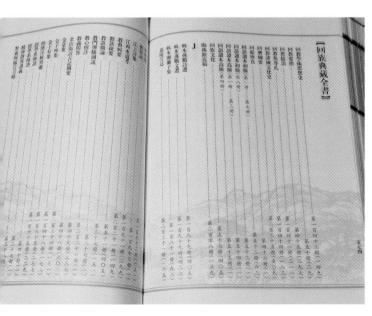

历史风貌，如木刻版的舒朗，手抄本的古朴，眉线上标注以最简洁也最重要的文献信息，和原文献相得益彰；在最要紧的正文用纸上，考虑到文献的长久保存、保护视力和翻页方便三大因素，选择了米色高档棉质木浆抄造的70克五朵云笺环保纸，手感棉柔，视觉柔和，品质高雅，真迹呈现，长久保存不变质，实现了真正的"典藏"。

《回族典藏全书》一经出版，就以其235册精装影印之鸿篇巨制向世人集中展示了回族形成以来所创造的独特灿烂的历史文化成果，从内容到形式，从材料到设计，都达到了完美的结合，也再次见证了设计家晋林先生的书籍设计艺术魅力。

中国著名回族学家、古兰经翻译家、中央民族大学教授林松先生高度评价："伊儒文化凝精品，相融互补蕴涵珍。"

中国伊斯兰教协会副会长、研究员余振贵先生高度赞扬："见证历史，传承文明。"

中国著名回族学家、中央民族大学教授马启成先生撰文评价："回族文化的瑰宝，历史遗产的丰碑。"

中国回族历史学家、暨南大学教授马明达先生高度概括："回回民族的四库全书！"

2010年10月，《回族典藏全书》荣获中国图书出版界三大奖之一的"中华优秀出版物奖"。其装帧设计也在"第七届全国书籍艺术设计展"上获得优秀设计奖，确是实至名归。

文中徐大师者，心中晋林兄弟也！

车满宝 甘肃文化出版社副总编辑

《〈解能量论〉法云释》 甘肃民族出版社（2014.2）

是海？是云？抑或……

已经有一些时日了，莫名的腰痛把我折磨得够呛，在医院作了一系列的检查，都没有发现毛病所在，那我就只能整天趴在床上烤电灯以缓释了。

中午，同修把刚收到的《〈解能量论〉法云释》拿了本送到我这儿来，我一眼看到封面，第一个念头就是：这是大海！"心明海饰龙王胜……"萨班大师赞颂因明先贤陈那、法称二位论师的偈语立马跳了出来。这大概是因了《解能量论》是法称大师的因明著作吧！上世纪80年代初，因明学被中国社会科学院列为绝学之一，这几年因明专业委员会努力地踢跳，以期引起大家的注意，让大家知道因明学实际上并没有死，也不会绝，它还存在，而且照目前僧俗两界的研究进程，大有发展成显学的势头。我这一本《〈解能量论〉法云释》也算是踢跳之一。把封面设计成大海是要体现因明学的理论体系吧？——我以己心猜度，应该是这样的意思吧。

"不对"，同修反驳说，"这是云。"他这么一提，也确实像，奥运火炬的祥云图案也是这么个味道——祥云图案本就是中国传统的吉祥表征物之一。同修随口背道："是时如来含笑，放百千万亿大光明云，所谓大圆满光明云，大慈悲光明云，大智慧光明云，大般若光明云，大三昧光明云，大吉祥光明云，大福德光明云，大功德光明云，大皈依光明云，大赞叹光明云……"封面设计成云，是佛教的象征，出版社出各方面的书，这《解能量论》是佛教典籍，这样的设计是体现佛教。

"这颜色，墨绿、灰二色……""不是黑吗？咋是墨绿？"

第一次拿到书的时候，几位同修在我这儿就辩扯开了，至于到底是表达的什么？应该是根本没有标准答案吧？那就仁者见仁、智者见智好了，能够引起大家的发散思维，我想，这也许是书籍设计家徐先生留给读者充分思考的空间，这就已经是极妙之处了。

《因明》第7辑 甘肃民族出版社 2014.6

刚晓

刚晓法师 杭州佛学院副院长、中国逻辑学会因明专业委员会副秘书长

悟得来，担柴挑水，皆是妙道

徐晋林

因明学是佛教用来辨析真似的学问，属于逻辑思维，故而它在佛教中占有一定地位，特别是在藏传佛教中，因明学是佛家论议之法的重要科目和论辩方式。学界称因明学是"佛家逻辑"或"佛教逻辑"，说的都是一个意思，正如中国现代著名佛学家、因明学家、诗人和书法家虞愚先生说的"学问极，则在舍似存真，知所真似，辩之有术。因明一学，乃印度教人以辨真似之学也。"这是对因明学的最明白、最精到的诠释。

宇宙自然是大天地，人则是一个小天地。也可以说，人是一个在大宇宙中的小宇宙。人身立于天地间，天之灵性受天地精华所育孕，而宇宙万物是在阴阳的相抱中。"天人合一"是中国哲学的基本精神，也是中国传统文化中的重要思想观念之一。中国人最基本的思维方式，具体表现在天与人的关系上，认为人与天不是处在一种主体与对象之关系，而是处在一种部分与整体、扭曲与原貌或为学之初与最高境界的关系之中。以人生观察宇宙，使人与天合而为一。"天人合一"意味着人与自然的原初亲密相关性。

《〈解能量论〉法云释》的书籍设计，是把中国传统文化的"天人合一"精髓融入到书籍设计的理念中去。是海？是云？意念同感。云为天，海为地，浅灰意为天，墨黑意为地。一阴一阳为之道，它呈现出阴阳之间互包互融，相互转换的对称形态。这种相融并不是简单相加，而是在对中国文化深刻理解的基础上的融合，并与传统文化的神韵、意境有机结合起来，暗合"天人合一"、一切顺应自然的哲学思想。

在诸家关于"天人合一"的学说中，佛家的"天人合一"精神是通过一种极端的"顺应"，即"放弃"来达到的。放弃功名，放弃富贵，甚至放弃肉体，放弃今生，他是把幸福寄托于普度众生上，因缘果报上，即"善有善报"。所谓"诸行无常，诸法无我"，即顺应大自然法则，这种大自在的境界正是一种生命情怀，是中国"天人合一"精神在佛教中的体现。

故禅宗语录有言："悟得来，担柴挑水，皆是妙道。""天人合一"不是抽象的概念，它体现为情景的交融，在情景交融的审美体验中，把想象的空间留给读者。

《因明》第 7 辑 甘肃民族出版社 2014.6

《菩提道次第广论疑难明解》 甘肃民族出版社（2005.2）

《〈释量论成量品略解〉浅疏》甘肃民族出版社（2011.10）

辛卯年夏，编辑传来拙作之装帧设计。长夜无眠，欢喜难抑。茶品"龙井"之茗，琴抚"普庵"之曲。"风"有"二南"，"雅"有"大雅"，亦是之谓乎！

上黑而下白者，乾坤氤氲，否极泰来之象也；右密而左疏者，坎离苍茫，既济未济之蕴耶？知我心者，晋林先生。歌曰：

悠悠此生兮五蕴难照，
芸芸有情兮九难阴霾，
浩浩万古兮一灯不灭，
朗朗大千兮万花顿开。

顺真 贵州大学人文学院哲学系教授、贵州大学宗教文化研究所所长
中国逻辑学会因明专业委员会常务副主任

一本还不能称其为"手工书"的情节

徐晋林

世界从平面化，走向了数字化，现在又大踏步地走进了大数据时代。无情的互联网，不仅颠覆了其他产业，也把我们的传统纸媒拍在了沙滩上，并且一步步颠覆着传统的阅读方式，使我们深受冲击。让我们不断看到的是："在一个媒体交替变革的时代，纸媒所面临的各种窘境。"

纸媒死亡论，这虽是一个多年热议的话题，在行内，关于纸媒向何处去的探讨，也一直在进行。而在现实中，纸媒的确危机四伏，从以下的言论中可看出它的来势凶猛：

> 纸媒的倒闭潮已经开启。将有越来越多的纸媒加入倒闭行列。丝毫不令人感到意外。自从互联网兴起的那一刻，人们就应该知道，报纸和杂志的死期临近了。美国的报纸杂志早就开始倒闭了。曾是美国最畅销杂志的《读者文摘》于2009年8月第一次申请破产保护，2013年再次申请破产保护。我们向其致敬的同时，准备为其下葬。

> ——《纸媒必死》

> 这个时代是如此有颠覆性，你孜孜以求的东西，到头来发现原来是堆历史拉的屎，该消化吸收的都已经被吸收了。纸媒人的执着让其看起来像一个勤奋的屎壳郎。

> ——《纸媒必死 转型必然》

> 纸媒必死已经是趋势，没有必要一直不眠不休的争论下去，唯独能做的就是多准备点草纸，为他们的消失送上一程。

> ——《纸媒必死有事烧纸》

关于这些言论，我不敢苟同，新媒体的出现不过是遵循了新旧更替的历史规律而已。我们整天喊"狼来了"，狼不但来了，来得还如此凶猛。在我们不知所措之时，大家又一窝蜂地去互联网上、到新媒体里找饭吃，寻找着自己的出路。有时我在想："是新媒体颠覆了我们，还是我们自己在颠覆着自己。"也许，不是这种发展趋势打败了我们，而是我们自己抛弃了更多生还的机会。

大概在1年前，我在万佳家居一个家具品牌店里的桌子上，看到一本手工书，这本书还不能称其为真正意义上的"手工书"，其实他只是做了一本我们行内叫"毛样本"的书，封面是皮质材料，书芯用手工纸制成的本子，居然定价889.00元，我问商家："这本子，有人买吗？"回答是肯定的，这让我感到惊讶。早在10多年前我就有做"手工书"的梦想，但由于各方面条件不具备，只有搁置了下来。也就是这本"毛样本"，重新又唤起了我对"手工书"的情结，为此，我日思夜想："也许，在这个浮躁的社会中，还有一部分读书人，愿以'手工书'的阅读方式，填补平淡无味的现代生活的吧？"

"手工书"从书籍的结构、材料、阅读方式等方面不断打破传统，在不断探索和尝试中创新。毫无疑问地会使传统的纸媒继续得以延续。我做了近30年的传统纸质书的编辑与设计，只是我身处的大环境实在是不给力。做"手工书"需要场所、材料、工具，还需要大家的积极参与。当然，离不开相关领导的支持，这些都不是我力所能及的。不管怎么说，我也依然乐观地认为：纸媒的那张"纸"不仅不会消失，而且还会变得更精美。尽管电子书越来越接近于纸质书籍的阅读体验，但"手工书"的精美不仅体现在"纸"的选择和版面的安排上，纸质阅读的每个环节，都会利用装帧材料上的千变万化，不断被书籍设计家用来创造新的阅读体验。"手工书"必将变成少数人买单的奢侈品、收藏品。

我对纸媒属于比较乐观的那一派，我也认为："纸质书的阅读体验不同于新媒体碎片化的阅读，碎片化阅读是浅层次、无深度、无思考的阅读。当我们在灯光下闻着'书香'，享受翻阅图书的那种触摸感和愉悦感的过程中，也潜移默化地与书产生了心灵感应，这种人与书的对视，正是新媒体永远无法做到的。"所以，尽管唱衰纸媒的声音接二连三，但是纸媒的生命还会延续下去以是无可争辩的事实。纸媒未来就是奢侈品、收藏品。亚马逊公司总裁杰夫·贝索斯在接受美国全国广播公司采访时说过这样一句话："有朝一日，纸媒不再是廉价消费品，而是作为奢侈品来珍藏！"

"手工书"一定会使传统纸媒得以延续，让我们一起来做手工书吧！

亲近纸媒，从一张纸重新开始

徐晋林

鹰是世界上寿命最长的鸟类，它一生的年龄可达70岁。

要活那么长的寿命，它在40岁时必须做出困难却重要的决定。这时，它的喙变得又长又弯，几乎碰到胸脯；它的爪子开始老化，无法有效地捕捉猎物；它的羽毛长得又浓又厚，翅膀变得十分沉重，使得飞翔十分吃力。此时的鹰只有两种选择：要么等死，要么经过一个十分痛苦的更新过程——150天漫长的蜕变。它必须很努力地飞到山顶，在悬崖上筑巢，并停留在那里，不得飞翔。鹰首先用它的喙击打岩石，直到其完全脱落，然后静静地等待新的喙长出来。鹰会用新长出的喙把爪子上老化的趾甲一根一根拔掉，鲜血一滴滴洒落。当新的趾甲长出来后，它又会用新的趾甲把身上的羽毛一根一根拔掉。5个月以后，新的羽毛长出来了，鹰开始飞翔，重新再度过30年的岁月！

——《鹰的重生》

这个小故事说的是鹰所经历的脱胎换骨的过程，是鹰顽强的本能又使它延长了30年的寿命。今天，传统纸媒日渐式微，市场份额日渐萎缩。反思之，我们又用什么来拯救衰落的传统纸媒呢？鹰的故事也许能够启示纸媒的从业者吧！

"手工书"或许是纸媒蜕变的最后一次良机，手工可激活人的潜在思维，手工书在不断继承传统、融入个性化创新元素的同时，自觉捕捉闪耀在思想中的火花，用崭新的思维和表现，来体现书籍与众不同的情感内涵。

当然，我们在肯定新媒体发展方向的同时，也要清醒地认识到：不同媒介之间不是取代的关系，媒介不同，所带来的文化行为、消费心理也都不同而已。这些因素都决定着电子媒体阅读无法一统江湖，纸媒不会轻易退出历史舞台。

顺便说几句：利用新的媒介形式，提高信息传播量和受众面，这毫无疑问是对传统纸媒的一种有效宣传和补充，微信平台的发散式、呈数量级的宣传是不可小视的。当读者看到那个豆腐块大小的二维码，掏出手机扫描、进入微信公众平台时，他们又希望看到什么呢？当然是以图片和文字为主要内容载体，小而美"自媒体"在内容上呈现出较高质量的阅读形式。因此，我们创建的这个平台，仍然需要用心撰稿，精心编辑，悉心呵护。不要把这么一个好的平台变成又一个指纹打卡机。

"手工书"一定会开启传统纸媒新的生命周期，像鹰的蜕变一样，使我们重新飞翔。日本著名书籍设计家杉浦康平先生曾经说："书籍的装帧，是从一张纸开始的故事。"那么，借此言，让我们动起手来，使习惯于敲击电脑键盘的那双手重新回归本能，我们就从一张纸开始。

《敦煌书坊》2014.8.11

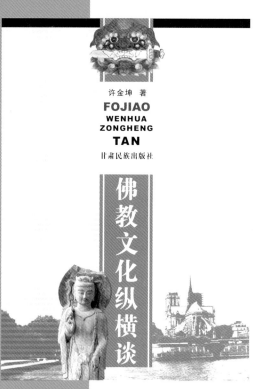

《佛教文化纵横谈》 甘肃民族出版社（2006.8）

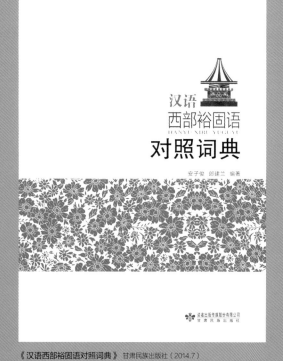

《汉语西部裕固语对照词典》 甘肃民族出版社（2014.7）

《朝觐心路——图文解读中国穆斯林朝觐生活》 甘肃民族出版社（2013.5）

徐晋林设计工作室

文学·艺术·教育·其他

《百箑斋吟稿 》甘肃文化出版社（2007.9）

《伤痕 》敦煌文艺出版社（2002.10）

《兰州春秋 》甘肃人民出版社（2002.1）

《转型张掖 》甘肃文化出版社（2012.7）

《三十年〈读者〉阅读笔记 》甘肃教育出版社（2011.4）

《金城续稿 》甘肃教育出版社（2005.11）

《孙中山先生传 》甘肃人民出版社（2006.6）

《父爱 》甘肃教育出版社（2003.8）

《读书与人生 》甘肃教育出版社（2011.1）

《编辑工作三十年 》甘肃教育出版社（2011.4）

《时代风云录——我半生亲历的故事 》甘肃教育出版社（1999.12）

《近三十年中国文学思潮 》兰州大学出版社（2009.9）

《乡村母语 》敦煌文艺出版社（2010.10）

《爱情花儿 》敦煌文艺出版社（2002.4）

《记者的脊梁 》甘肃人民出版社（2002.6）

《正宁民俗 》甘肃人民出版社（2003.7）

《读稿笔记 》甘肃教育出版社（2011.4）

《〈读者〉的人文关怀 》中华书局（2014.1）

《让〈读者〉御风而行 》甘肃教育出版社（2011.4）

《美丽的冲动 》甘肃人民出版社（2007.9）

《谁动了我的鱼 》敦煌文艺出版社（2006.8）

《雪人—— 一个孤独的探索者 》甘肃人民出版社（2008.5）

《云梦 》甘肃民族出版社（2014.8）

《犯罪的人性解读 》甘肃民族出版社（2009.1）

《寄园纪事 》甘肃民族出版社（2011.11）

《守望成长——农村留守儿童教育问题研究 》甘肃少年儿童出版社（2013.10）

《行走西部 》甘肃教育出版社（2003.9）

《师说新语 》甘肃教育出版社（2013.11）

《教坛四十年 》甘肃教育出版社（2003.4）

《大学知行录——甘肃省高等教育发展现状与对策研究 》甘肃教育出版社（2011.11）

《西部教育集思录 》甘肃教育出版社（2009.6）

《静水听莲开——金艳教育教学实践录 》甘肃教育出版社（2014.8）

《天使，望故乡 》敦煌文艺出版社（2009.5）

《你不能再回家 》敦煌文艺出版社（2008.12）

《回风舞雪〈红楼梦〉》甘肃教育出版社（2012.10）

《中国"花儿"源流史稿 》上、下册 甘肃民族出版社（2013.12）

《追梦集 》作家出版社（2010.9）

《外国美术教育史 》甘肃民族出版社（2006.3）

《北地雪 》上、下册 敦煌文艺出版社（2002.7）

《装饰画艺术 》甘肃文化出版社（2011.5）

《河西走廊沙尘源区生态环境治理 》甘肃科学技术出版社（2013.8）

《微言掇拾 》甘肃文化出版社（2007.9）

书籍设计人性化探析

徐晋林

书籍是知识的载体。出版图书的目的在于促使人们学习知识，提高文化素养；同时，也在传承和积累人类文化财富。决定书籍质量或书籍对人产生吸引力的，从根本上讲，在于书籍的内容。但是，读者第一眼看到的往往不是书籍的文字内容，而是书籍的封面和扉页等。所以，一本书往往给人以深刻印象的首先是书籍的设计——书籍的封面设计和书籍的版式设计。因此，书籍的设计就成了书籍的第一质量和吸引力。

随着现代科技的迅猛发展，书籍的设计形态涵盖繁多，更加丰富多彩。在书籍的表现形式上，不但开本大大小小，难以计数，而且出现了圆形的、三角形的和不规则形的书籍，甚至竟然在书中挖一个洞，文字围绕着洞排列，还有的需要读者不断用刀裁开才能一页一页地读下去，真可以说得上是千奇百怪、斑驳陆离。

书籍设计有没有它的本质要求和内在的发展规律？这是每一个从事书籍设计的人都必须认真考虑、持续探索和着力解决的问题。只有不断提高认知水平，才能不断提高自身的设计能力，书籍的第一质量和第一吸引力才能得到更好的发挥。

笔者以为，人性化是书籍设计永恒的话题。书是供人阅读的，书籍设计当然应该提倡创新，追求新颖有效的设计形式也是出版工作者应有的责任。但是，遵循合情合理的设计原则及其固有规律，满足人的阅读需求才是书籍设计的最终目的。所谓人性化设计，是指在设计过程中，根据人的行为习惯、生理结构、心理特点、思维方式等等，在原有设计基本功能和性能的基础上，对书籍设计进行优化，使读者阅读起来更加方便、舒适，并且有一种美的享受。书籍设计中应该体现出对人的心理生理需求和精神追求上的尊重和满足，把对人的关怀放到设计的首要位置。人性化设计是科学和艺术、技术与人性的结合，科学技术（印刷、材料）给书籍设计以坚实的基础；而艺术与人性的有机结合使书籍设计富于美感，充满情趣和活力。

书籍的人性化设计表现在以下四个方面：

《伤痕》敦煌文艺出版社（2002.10）

书籍形态和美观大方的版式，使其内容得到充分表现，情节不断延伸，以至于给读者以视觉和阅读的轻松感。尤其是处于当今快节奏、高信息时代的读者群，虽然对于新知识和新事物有着强烈的渴望，但在紧张的工作之余却需要有一种较为轻快的阅读放松，因此我们在书籍形态的策划上，就要考虑给他们更多的人性化的关照。

书籍的人性化设计，是现时代书籍设计的本质要求，绝非是设计者追求风格的结果。如果离开了对人心理要求的反映和满足，设计便偏离了正规。因此，书籍形态的人性化已成为评判设计优劣成败的首要环节。什么是好的书籍形态呢？在美学趣味等条件不断变化的今天，很难有永恒评判的标准。但有一点则是不变的，那就是设计中对人的全力关注，把人的价值放在首位。设计的重点应放在认同、理解和情感共鸣等人性化的交流上。人性化设计是对人类生存意义上的一种更高追求。

笔者不能认同将书籍设计成三角形的，读者拿着这样的书怎么阅读？有人在书中间挖个窟窿，所有的文字要围绕着这个洞去安排，读者阅读时上下左右求索，极易引起视觉疲劳；还有一些毛边书，每阅读一页就需要用刀裁开，否则无法阅读。就如同人吃饭一样，吃两口停一阵，这样还能有食欲吗？这种怀旧心理的书籍形态只是迎合了少数有闲阶层的休闲文化，阻碍了大多数现代读书人自然流畅的阅读习惯，已不适合深度阅读的功能。书籍的形态需要继承和创新，但重要的是我们应该选择一种什么形式让读者能够在如痴如醉的阅读中把个人的心情充分释放出来，形成一种自然而然形声融合、意象突出、生动有趣的迷恋情景？其根本就在于"以人为本"的设计理念，将人性、情感要素视觉化，使整体形态充满人情化的韵味，"因书赋形、以形让意"，使读者在阅读中不知不觉地完成一次轻松自如的知识旅行。

二、书籍设计语言的人性化

书籍设计就像人类的语言一样，是由一些符号组成的。布隆达尔曾写道："一种语言是一种纯粹抽象的存在物，一种关于个人的规则，一种语言在无限变化的方法中得以实现的必不可少的符号结构。"书籍设计的符号是由文字、色彩、图形组成的，

一、书籍设计形态的人性化

不同时代、不同国度和不同民族的人有着不同的阅读和审美情趣，因此也有着不同的书籍设计形态。当我们构想和策划书籍形态时，不但应该从当代中国人的自然阅读为出发点，而且要考虑到不同民族的特殊阅读习惯和审美要求，也就是说要以满足不同人群的阅读方便和需要来确立它的基本形态。形态，顾名思义，为造型神态。外形美和内在美的珠联璧合，才能产生形神兼备的艺术魅力。书籍形态人性化的塑造，并非书籍设计者的专利而独立完成的，它是著作者、出版者、文字编辑、设计工作者、印刷装订者共同完成的系统工程。从书的形态的整体来看，不仅要注重书的外在构造，还应注入内在的理性构造。以多样化的

它是通过视觉的语言来传达的。书籍设计中的视觉语言，包括视觉语言的简明性、生动性、民族性、时代性等要素。它要求设计者在设计中恰当地表现符号的所指和含义，思路清晰，主题鲜明，把复杂的问题简约化，将简约的表现艺术化。设计中每一个元素都有它自己的特定角色，而且是非常协调地联结在一起，充满人性化情趣和视觉吸引力，切忌冗杂堆积，又切忌生硬拼凑。

我们常看到一些书籍设计，只是注重视觉冲击力和毫无节制的个性张扬，设计语言过于直白，试图要把书的内容都反映到封面上，这种气势汹汹不留余地的设计无法使读者获得内心的愉悦。东方艺术语言最讲究意，意境，情意；意在笔先，诗情画意。意是流动的气韵，含蓄而又明朗的思想深度，回味空间极大。书籍设计语言与书籍内容的关系是设计者必须处理好的一个关键问题，书籍设计说到底是为书籍内容服务的。如果设计仅仅考虑表现自己的个性，而使设计干扰了读者的阅读和对书籍内容的理解，即使这样的设计再巧妙也都不能称为好的设计。字与字，字与图，字与其他装饰元素之间相互呼应，形成对比，并产生动感与张力，达到一种鲜明、活泼、和谐的视觉效果，方能称得上是好的设计。由此看来，设计语言的人性化，完全是设计本质要求使然，绝非是设计者追逐自身风格的结果。因为一旦离开了对人的心理要求的反映和满足，设计语言便会偏离正轨。从这个意义上来说，设计语言的人性化绝不是什么"新花招"，而是设计本应具备的特质，设计者所做的便是使这种人性化的过程变得更通畅、更和谐，以达到人与设计、设计与人的融合状态。中国古代哲人所希冀的"天人合一"、"物我相忘"的思想便反映了对这种关系的辩证认识。我们应该在此观念的基础上，使设计语言以人为本，更有序化、更理想化、更艺术化。在追寻、探索、创造、形成视觉语言元素化系统的过程中，使设计成为真正意义上的影响人们思想和行为的力量。

三、书籍设计色彩的人性化

当我们走进书海之中，第一眼看到的是封面的色彩。封面色彩是书籍信息的第一传递者，也是图书吸引读者的第一步。从视觉效果来说，"远看颜色近看花"，色彩要强于图形和文字，它的独特魅力，强烈地把读者的视线吸引过来。因此，色彩是书籍设计的要素之一，因其具有视觉感知功能和情感表达优势在书籍设计中起着重要的作用。在封面、版面设计中，恰当运用色彩极

《兰州春秋》 甘肃人民出版社（2002.1）

《转型张掖》 甘肃文化出版社（2012.7）

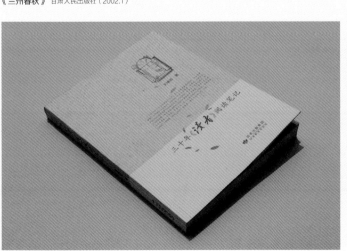

《三十年〈读者〉阅读笔记》 甘肃教育出版社（2011.4）

《金城续稿》 甘肃教育出版社（2005.11）

《孙中山先生传》甘肃人民出版社（2006.6）

为重要。

色彩涉及的学问很多，包含了美学、光学、心理学和民俗学等等。心理学家近年提出了许多色彩与人类心理关系的理论。他们指出，每一种色彩都具有象征意义，当视觉接触到某种颜色，大脑神经便会接收色彩发放的信号，即时产生联想。例如红色象征热情，于是看见红色便令人心情兴奋；蓝色象征理智，看见蓝色便使人冷静下来。"色彩是性格的另一面镜子，也是心情的诉说者"。人性化色彩是一种感情符号，也是一种旋律。作为设计者表达创意的重要手段，人性化色彩是传达审美意识的具体表现。经验丰富的书籍设计家，往往能将人性化色彩恰如其分地运用到书籍的设计之中，通过封面、版面的设计引发读者心理上的联想，引导读者进一步发掘色彩背后的深层意义，从而达到对作品延伸的目的。大自然无形之手给我们展示了一个五彩缤纷的世界，千变万化的色彩令人着迷，使人眼花缭乱，也使我们的很多设计者迷失了方向。他们不考虑图书的基本书性，只是一味利用色彩的冲击刺激人们的视觉神经，企图达到市场销售的目的。其实这些过度使用色彩的设计，刺鼻的油墨气味，扑朔迷离的色块，对于顺畅的阅读，到底是良性的影响还是不良的干扰？很值得研究。

人性化色彩设计要充分考虑到自然环境、人文环境、地域文化，要充分了解色彩的含义，并理解色彩所产生的视觉感受，营造愉悦人心的顺畅阅读感。这是人性化色彩设计极其重要的环节。记得有位学者去英国和瑞士考察，临行前把《大国崛起》之一的《英国》卷带在身边。认为贴近英国的本土去读书，一定会更加亲切，领会也会更生动、更深刻些。没有想到的是，无论在飞机上、火车上，或是在候机厅休息时读这本书，竟有了异样的感觉。大家知道，欧洲人是非常重视读书的，不管在哪里，都可以看到前后左右有人在读书，甚至在路边公交车站点，还有人用等车的间隙读书。这些人手里的书，全都是洁净清爽，书页素面朝天。当这位学者在国外公共场合读这本书时，心里总有些不自在的感觉，花里胡哨的封面、色彩强烈刺激的版面，好像自己读的不是书，而是一个介绍杂要的册子。我想，这是因为这本书强烈的色彩与当地文化环境极不相协调所致，过分追求色彩，反而丢掉了人性化色彩设计的初衷。由此看来，人性化色彩的表现因素众多。人性化色彩应当是一个可变因素，地理文化不同、民族与历史不同、传统与宗教信仰不同、使用环境不同、使用者不同等等，都是体现人性化差异的表现因素，我们应当充分分析和利用这些因素来设计不同文化的书籍色彩。最重要的是：设计的目的是让读者在阅读中赏心悦目、顺畅自然地"悦读"。我们好像迷失在过度追求色彩刺激的热情里，把书做得越来越不像书了。

因此，只有自然的和谐才能使人们有明快、生动、柔和的感受，才能充分赋予书籍高度的人性化阅读。而在视觉上更要注重人文关怀，使书籍的外在美散发着浓郁的人情味，即情感要素的视觉化，让人感觉到来自书籍的关切及渴求沟通。在色彩的设计手法和理念上要更加强调人性化。色彩设计人性化因素的注入绝不是设计者的"心血来潮"，而是读者需要的自身特点对人性化色彩设计的内在要求。

四、书籍设计材质的人性化

近些年，不少出版社更新观念，不断提高图书的品质，越来越注重起书籍的材质来了。虽然各种装帧材料的价格要比普通纸张贵很多，但它自身独特的表现力对于追求美感、强调表现的装帧设计起到了不小的作用，使得许多设计理念得到形象的表述，给予读者思想感情以快慰与满足。每一个书籍设计者都可以根据自己的理解选择不同的材料与制作工艺，在材料与工艺上可以制造出富贵、高雅、清贫、孤傲等等各种各样的感觉。材料的质感和肌理能调动起人们感知中的视觉、触觉和知觉。材料本身能表现出材质的美感，而人性化的材质美能使人在阅读中获得审美的情趣和愉悦。

但是，在人性化材料的选择上，对于不同的书籍，我们要做不同的考虑。不同质感的纸张，有着它自身的文化语言，各种书籍材料能否选择合适，能否与书的内容结合得好，应更多地关注人性化与设计材料的恰当结合。在书籍设计中，材料选择要注重经典性、永恒性，应更具有书卷气。材料的物理特性能更多地引发书籍内在的意蕴，让它们更加与设计内容相融合，更生动、更贴切地产生强烈的艺术魅力。对材料的独特性认真进行探索，可以使独具特征的材料语言在人性化设计上更有独具魅力的个性特色。如具有温和高贵质感的皮革，蕴藏着人造材料无法替代的心理价值。用这些材料设计的精装图书就很自然地给人以温暖润泽，反映出一种古典的美，真正达到现代与传统文化的共生。又如彩烙热压，通过温度的变化产生出不同的色彩效果，使书籍外观灵气诱人，有温馨柔和之感；内部结构朦胧可见，增添了一分神秘感和傲然性，使人不禁渴望去触摸它，因而也就更具有非凡的亲和力。应用恰当的人性化材料，经常会由于它本身具有优美质地的色彩以及它的纹理让读者有所感动。具有人性化材质设计的图书，人们都愿意亲近它和欣赏它，这些图书无不散发着它自然的美感和魅力。

印制的油墨及其质量水平，也应当包括在设计考虑当中，对于当今绿色设计和环保设计具有十分重要的意义。有些图文书籍浓重刺鼻的油墨气味，让人觉得很不舒服。这些气味是不是含有有害物质且不必去说，对于环保健康意识较强的人来说，印象一定是负面的。通常最易出问题的，是印刷品的印刷色彩，效果并不如设计师心中所想。这个失误的原因很多，而其中的一个原因，很可能是跟印刷材料和印刷方法有关。同样的油墨用不同的材料、不同厚薄的纸张印刷，所得的色彩效果肯定不同。即使材料相同，但用不同的印刷方法去印刷，油墨的厚度也会不同。因此，事前要对承印物的特点、油墨的使用及印刷方法等各方面多作考虑，设计时尽可能配合客观条件。另一

《父爱》甘肃教育出版社（2003.8）

《读书与人生》甘肃教育出版社（2011.1）

方面，设计者也应多与印刷师傅沟通，互相了解，才可尽量降低失误的程度。材质的人性化表现，说到底应当包括安全性、美观性、舒适性、通俗性、材质感、识别性、和谐性、地域性和文化性等。

总之，书籍的设计是为人的阅读服务的。如果设计者过于把玩设计本身，而忽略了书与人的关系，设计就可能会迷失方向。在书籍的设计中，把握好"人性化"与"情感化"是设计的关键所在。中国改革开放30年来，随着社会主义市场经济的不断深化，我国的发展进入了一个全新的时代，国民经济飞速发展，

人民生活水平大幅提高，人们对书籍品质的要求也提升到空前的高度。书籍人性化设计不仅给人们带来知识的满足，而且更让人们在阅读中下意识地感受到一种舒适自在，并在阅读愉悦中自然转化为对真善美的探索追求。书籍的人性化设计可以使人的阅读心理更加健康，使人的感情更加丰富，人性更加完美。

设计人性化永远是书籍设计常念常新的课题，也是书籍设计者不懈追求的永恒目标。

《中国出版》杂志 2009 年 7 期
《第七届全国书籍设计艺术展览优秀论文集》中国书籍出版社 2009.10

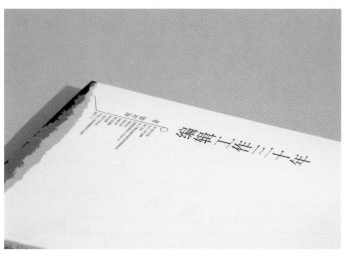

《编辑工作三十年》 甘肃教育出版社（2011.4）

《时代风云录——我半生亲历的故事》 甘肃教育出版社（1999.12）
获"中国西部十省、区、市第十二届书籍装帧艺术观摩评奖会"封面设计一等奖（2000）

《近三十年中国文学思潮》 兰州大学出版社（2009.9）

《乡村母语》 敦煌文艺出版社（2010.10）

《爱情花儿》 敦煌文艺出版社（2002.4）

《记者的脊梁》 甘肃人民出版社（2002.6）

《正宁民俗》 甘肃人民出版社（2003.7）

《读稿笔记》 甘肃教育出版社（2011.4）
获"首届华文出版物艺术设计大赛"优秀奖（2012.1）

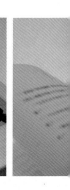

无题

《读稿笔记》是一部文集，前面谈自己办刊30年，后面汇集了近几年为一本杂志写的"卷首"，都是随笔，说社会，论人生，拉拉杂杂，随性而作。约晋林整体设计，本无过高期望，因"杂烩"性质的书，设计起来很难出彩。

不料晋林还是给了我惊喜。

非常素雅。看封面，简直就是一本"白皮书"，除下角一枚小小的徽标外，只在中央嵌了一只紫色的杯子。水汽袅袅，不知里面是清茶还是咖啡。我想选择紫色还是动了一点心思，它不那么耀眼和突兀，却与全书散淡、闲适的风格相呼应，可谓点睛之笔。

封面上方和封底都摘了书里的一些段落和句子。字很小，主要是装饰，增加一点文气；但有心人去读，还蛮有意思。"人类天生是孤独的。在生活的汪洋里，每个人都是一座悬浮的冰山……""一份发行100万本的杂志，说到底就是给一个人看的。"这正是作者积累多年的思想的"不经意"的表达，被设计者提出来成了设计的元素。这比漂亮的宣传语更有力地显示出书的厚重，无疑是聪明之举。

扉页配了一幅小图，静谧的画面被一只飞起的小雀冲破。有深意？还是随意？尽管想象好了。设计者同著作人的沟通，有时只能意会；它向读者传递的，也要靠读者自己去理解与补充。

多年前与晋林在一个单位共事，那时他还年轻。今日当刮目相看。生活的积淀、不懈的努力和艺术天分的发挥，都在一册册装帧精美的图书中呈现。谢谢晋林！

郑元绪 《中外文摘》杂志社总编辑、新闻出版总署报刊审读员
中国期刊协会专家委员会委员

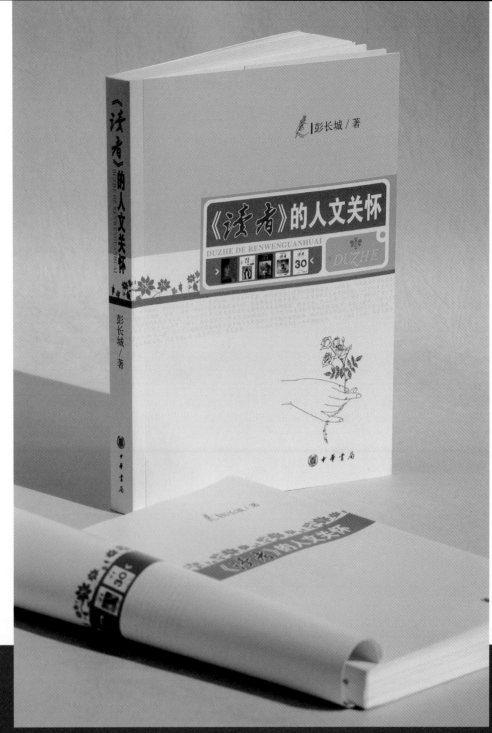

《〈读者〉的人文关怀》 中华书局（2014.1）

《让〈读者〉御风而行》 甘肃教育出版社（2011.4）

黄永松：四十年守望民间

徐晋林

也许你没听说过黄永松，但你一定知道"中国结"。

说到黄永松，不能不提到《汉声》杂志，还有这本杂志的发起人吴美云。那是一个在美国长大的女孩子，书读得好，写作能力强，但常常被误认为是日本人。正是这种经历，促使她想创办一本介绍中国文化的杂志。而她能想到的合作人就是那个做过摄影师、导演的黄永松。而此时的黄永松正在台北和另一个导演拍摄一部关于中国戏曲京剧的纪录片。那富有生机的体现东方美学的戏曲艺术，深深震撼了一直接受现代美术教育的黄永松，同时他也痛心于这些艺术正在一点点湮灭。正是这份不谋而合的机缘，最终撞击出《汉声》这本反映民间文化的杂志来。

1971年，吴美云和黄永松创办的英文版《汉声》——《ECHO》出版了。它一面世就以其独特的民族气息吸引了众多的目光，当时销往30多个国家。1978年，他们又创办了中文版《汉声》杂志。如果说英文版的《汉声》是东西方文化的横向交流，那么中文版的《汉声》则是传统文化与现代文化的纵向衔接。"历史像头，现代像脚"，有头有脚，却没肚腹，他们要做出一个把二者相连的肚腹。正是秉持着这样一种信念，他们才一直坚持做到今天，整整40年。

让黄永松自己也料想不到的是，在后来30多年的时间里，他的足迹将会随着《汉声》走出台湾，走遍中国内地的乡野和村落。米食、面食、风筝、泥塑、北方的农家土炕、陕北的剪纸、贵州的蜡花……每一个题目都曾是《汉声》杂志一期精美的专辑。黄永松在民间采集中亲身经历和感受到的人和事，那些可触可感、可亲可爱的活生生的故事，常常令他难忘。

我把灵魂留下来，身体给你

黄永松从典籍资料上查到了一种蜡染的古法，听说这种古法贵州尚存，他很兴奋。随后他走遍了黔东、黔南、黔西、黔北，寻找这种用木蜡和竹刀制作的蜡染，最终在黔东南地区麻江县龙山乡的青坪村找到了绕家的这种蜡染古法。青坪村绕家多长寿老人，其中有一位102岁的曹汝讲老太太。她的曾孙龙帮平和她住在一起。老人耳聪目明，虽然佝偻着腰，可身手敏捷，不需要年轻人照顾。她翻箱倒柜找出自己90岁时以古老的竹刀、木蜡绘成的背扇。这件点蜡之作，画面以螺丝花为主纹样，四周配置狗牙板。螺丝花宛转流畅，左右顾盼，她又在中心花头上略加三刀，形象似花似鸟。整件作品可谓鸟鸣花香，满幅春光。

这就是这位满脸写尽沧桑的百岁老人的内心世界吗？看到这件作品后黄永松非常兴奋。他正准备在台北筹办一个"中国蓝印花布"的展览，为展览所需，就想购买一件。他和他的团队从不搞收藏，每次展览都是从收藏家那里借来的。这一点深受李济先生的影响。

李济先生是著名的人类学家，殷墟的考古挖掘者。他一辈子考古，却从不收藏古物。对此黄永松深有感触，因为在民间这么多年，他碰到了很多古物被买卖的事。有一次，他在山西民间调研的时候，看到一户人家厢房左边那扇窗子是完好的，右边的窗子却只用一块塑料布钉着。他问这家主人，主人说："那一扇昨天被偷了。"到另外一家，又是这样，一问，说："有个收古董的把这扇窗子买走了。"又有一次他在西递宏村考察，发现他们都在卖老门窗、老桌子、老椅子。这些事情在农村经常发生，深深触动着他。他想，他一天到晚做着收集整理的工作，不就是要它们得到完好的保护吗？加一个"卖"字如何接受？他也知道，有国外的朋友在安徽买了整栋农民的房子运到美国去。那时候纽约的大都会博物馆就把苏州的一个园林买过去在美国重新呈现。他也到那里去看过，可是觉得一点意思都没有，只是一个躯壳在那里。少了生活气息，离了本土的艺术只是一个躯壳在买卖，他觉得不宜。他要求他们的编辑在下去的时候"只许带去照相，留下脚印"，这已变成他们的家训。他坚决不允许编辑购买当地的民间文化物件，也不允许把城市矫揉造作、浮华的气息带到农家去。

但是，这一次展览中独独缺这种"竹刀木蜡"古法制作的作品，他很想带一块回去丰富展览，这也是他唯一一次破例。和老人的曾孙商量后，曾孙同意转让一件背扇给他。当他拿着这件背扇离开时，突然看到老人佝偻着腰追出来，边喃喃自语边冲过来，目标锁定了黄永松。黄永松不明所以，只有后退，老人却抢回了自己的背扇。只见她的曾孙一个箭步冲到老人身旁，嘴里同样说着什么，又是一番言语一番拉扯。老人三番五次将背扇抢了回去，再由她的曾孙送来，最终，老人用剪刀剪下背扇边缘的一

黄永松先生讲述曹汝讲老人的故事

小块布后对黄永松说："我把灵魂留下来，身体给你！"然后不舍地离去。老人对自己作品的情感，让黄永松深受感动。对老人来讲那是与生命相关联的物品，是有灵魂的。

请认购一条夹缬吧

夹缬是中国一种古老的服装印染技术，曾在唐朝辉煌一时，唐代诗人白居易曾吟咏："成都新夹缬，梁汉碎胭脂。"可惜的是，夹缬在宋代以后逐渐式微，时至今日，这门独特技艺早已失传成谜。黄永松在1997年时听说此项工艺在浙江南部苍南县宜山镇的八岱村尚存，就迅速赶到那里。在那里刚染制好的蓝花夹缬在作坊外的稻田边被摊开来晾晒。平生第一次看到古老夹缬工艺的他有一种得偿宿愿的感动。他和他的团队在那里驻扎了四天，把这项印染技术的每一道工序都完整地记录了下来。当他做完调查之后，染坊主人薛勋郎师傅却说："这是最后一条夹缬了，以后不再做啦！就要打掉这个染缸了。"难道所见的第一条夹缬，竟是最后一条了？染坊主人准备关闭这个可能是中国现存的最后一个夹缬作坊，原因是这种布已经没人买了。他问染坊主人："可不可以让它保留？"主人说："不行，我们不能靠这个生活了。"他想，在唐代绽放奇光异彩，在民间默默传承的古老夹缬工艺，竟从此要在中国消失绝迹！他为之痛心不已。"要卖出多少货，才能维持作坊营运？"他不死心地追问。薛勋郎师傅沉吟一下说："一年至少要卖出一千条。""一千条？"一条夹缬有八到十米长，他的头脑里浮现出一千条美丽的《百子图敲花被》来。在这个世界上，一定有千位以上爱好传统民艺、愿以手工夹缬来点缀平淡无味的现代生活的人士吧？想了想，他毅然决然地对薛勋郎说："一千条，我们订了！"为延续作坊一年的寿命，《汉声》竟成了千条夹缬的认购者。回到台湾后，他就在《汉声》杂志的开篇，写下一篇名为"千条夹缬"的声明，希望那些不想看到这一传统工艺消失的人认购一条夹缬。没想到，杂志出版后，千条夹缬竟然供不应求，被抢购一空。现在，夹缬不但在继续生产，而且已经成为民间工艺品，为越来越多的人所喜爱。2005年，浙南夹缬被列入浙江省非物质文化遗产保护名录。

蓝花夹缬

德文版《中国结》

红遍世界的中国结

黄永松在一次民间考察时，偶尔看到一家农户的床幔上挂着一件好看的饰品，不知为何物。这家人告诉他那是"结"。他觉得这些藏在民间的小饰品很有意思，并觉得这种"结"很含蓄，蕴涵中国美学的意味——退一步，顾全大局，烘托主角的成人之美。道家就有这个思想：退一步海阔天空，退一步美不胜收，退一步余味无穷。这些思想在这个物品上被充分表现出来。他非常喜欢，回去后就把这种"结艺"定为选题，从此开始四处寻访会打结的人。为整理中国传统的"结艺"，把所有形式的中国结艺都搜集起来，他遍寻台湾会编结的老奶奶，一样一样地学，一步一步地记录。后来，他又找到台北故宫博物院的老工友，跟他们学习许多古代宫廷的编结工艺。经过四五年的时间，从民间最常见的纽扣结到台北故宫珍藏的玉如意上挂的结饰，都被他挖掘整理出来，最终把编结艺术总结成11种基本结、14种变化结，并将其命名为"中国结"。1981年，《汉声》出版《中国结》专辑，随后又有英文版、德文版面世。由于它富有民族韵味，又简单易学，深受人们的喜爱。从此"中国结"红遍了世界的每一个角落，也成为中国传统文化的一种象征。

建立民间文化基因库

那还是早在1981年《中国结》的德文版即将付梓之际，黄永松赴德国进行编辑间的磋商。他提出希望德文版能附上在德国出售各种手工线绳的商店地址。德方编辑认为不需要，因为德国到处都有手工艺店，要买线材是非常容易的。晚餐时，德方总编辑和黄永松半开玩笑地说："中国的历史悠久，手工艺一定非常多，不只有中国结，但是像中国结这样被好好整理的不多，《汉声》应该继续整理好其他各种手工艺。"他指着黄永松身上的莱卡相机说："这是德国人发明、制作的相机。"他问："《汉声》是搞出版的，印刷机是不是用海德堡？那也是德国人发明的。"又问："你们也有很多人开德国的奔驰车吧？"接着，他笑容一敛，郑重地说："德国的工业为什么这么好？就是因为德国注重手工艺。一个民族，只要手工艺好，它的手工业就好；手工业好，轻工业就会好；轻工业好，重工业就会好；重工业好，精密工业就会好。"他又说："中国替欧美、日本做很多代加工的事情，要知道，如果没有自己的品牌，没有自己的设计，替人家代加工，就只能获取微不足道的利润。"随后，他指出一件更可怕的事——"很多工业制造材料是有剧毒的，那些毒都排放在中国的土地上……"这番话犹如醍醐灌顶，深深地触动了黄永松。这也促使他致力于建立一个民间文化基因库。目前，这个基因库中已有5大种、10类、56项共计几百个民间传统文化项目。

2005年，美国《时代》周刊刊登了一年一度的"亚洲之最"指南，其中台湾的《汉声》杂志被誉为"给内行看的最佳出版物"。2006年，《汉声》杂志的创办者黄永松又被冯骥才基金会授予"中国民间守望者奖"。其《曹雪芹扎燕风筝谱》获2006年"中国最美的书"奖。创刊于1971年的《汉声》杂志在40年之后再次掀起世界关注中国民间文化的热潮，而其创办者黄永松也四十年如一日地践行着全面记录和保护中国民间传统文化的诺言。

与黄永松先生交流民间文化传承与保护

《美丽的冲动》 甘肃人民出版社（2007.9）

一个人一生只做一件事

1989年第7期《读者》杂志刊登了散文家周涛的一篇短作：《一个人一生只能做一件事》。文章很短，却成为《读者》最为人们喜爱的好文章之一。文章说：

"一个人一生只能做一件事。"这句虽非至理也不出名的话是谁说的？

是我。

有一天我和几位客人聊天，谈起了不少的作家已经弃了笔，去做能赚钱的生意。他们说，你呢？你怎么看？

我就回答了这句话。

是的，人各有志，人一辈子只能做一件事。弃了笔的作家，也许值得羡慕，但我以为未尝不值得怜悯，因为他这样做就已经承认他一生没有力量完成文学这件事。一个放弃了初衷的人，在茫茫人世间，在每日每时的变化和运动中，他有选择的自由，但他的内心说不定是凌乱的。当然还有一些人，他们当初来到世上，就不曾抱有初衷，而只想凑热闹。现在热闹凑完了，也就该到别的地方凑新的热闹去了，社会永远不会只在一个地方热闹。

这种人一生在世，就压根儿没打算去做好任何一件事，而只想在所有能引起他兴奋的事中捞好处，压根儿不想奉献什么。

这篇文章引发了我的共鸣，虽然我并不完全同意作者这种绝对的说法。一个人一直坚持做自己喜欢的事，而且感兴趣的事就是所从事的职业，还能从中产生创造的快乐和成就感。无论如何，听起来都美美的。但是，在实际生活中，又有多少人数十年如一日一直在心无旁骛地做一件事呢？很少！

我认识的人中，徐晋林算一个。

老徐所做的事是书籍装帧设计，一个在现代人看来古老而又时尚的工作。

小时候正值"文革"时期，可看的书少之又少，每每得到一本书，那幸福绝不亚于现时中个大彩。除了被内容吸引，最大的好奇就是书是怎么生产出来的。上世纪末，我辞了教职，终于成为一名出版人。当时文艺社没有专业美编，便形成一种特殊的风气，责任编辑几乎都自己做版式设计，有些人还设计封面。就

像搞电影的，自编自导自演。我自己也搞过几本如此"全编辑"的书，就像抚摸着亲生女儿的刘海，有成就感地暗自飘飘了一阵，觉得书的装帧设计不过尔尔。人总是这样，了解不深的事做起来胆子也大，实际上是浅薄暴露得越多。再后来，就不敢"设计"了。但是作为读者，尤其是作为编者，拿到一本新书，总要以职业习惯首先把玩和端详一下书的外部形态，说实话，有些书不看内容就能把人拿住，让你喜欢不已。

在众多的甘版图书中，"徐晋林设计"以其独特的味道成就了一片小风景。

2005年，我在编《读者》杂志之余，责编了一本书，是《读者》签约作家张丽钧的散文集《美丽的冲动》。张丽钧的美文《读者》刊载甚多，深得读者喜爱。我当时的想法是，如此灵动的文章一定要在设计上就体现出来。谁来主刀设计呢？我想到了

徐晋林。把齐清定的文字清样交给老徐，足足等了好几周时间，他才给我反馈了想法，原来他认认真真读了一遍文章，对整本书的精气神有了比较透彻的了解和意会才来跟我交流设计思路，从选纸到插图到开本拿出了一个完整的方案，我们都觉得气韵相谐。书很快出版了，作者打电话告诉我，非常喜欢。张丽钧是个极豪爽的人，说有机会一定要请设计者喝酒，可惜，相隔千里，聚会不易，10年过去了，这酒还没有喝成。我和徐晋林在图书上只合作了一把，但其一丝不苟的创作精神让人难忘。

2011年，省新闻出版局举办全省编辑培训班，徐晋林作为讲师给编辑们上了一堂图书设计课。《读者》杂志责任编辑潘萍回来告诉我，徐晋林在课堂上讲述了台湾出版人、《汉声》杂志主编黄永松的故事，很励志很感人，想约徐晋林写篇稿子在"人物"栏目刊登，我当即表示赞同。但是心里还是比较忐忑，老徐

设计没有问题，动笔写文章到底行不行啊，要知道，《读者》刊载的文章要求非常苛刻。两个多月后，稿子交来了，潘萍说很满意。我仔细读了一遍，材料翔实，细节丰富，行文流畅，可读性强。稿子于当年19期《读者》杂志刊登后得到读者的广泛好评。事后，潘萍告诉我，为写这篇稿子，老徐数次赴京采访黄永松先生，做了大量的录音，札记就做了1万多字。我说，多开点稿费吧，其实心里是满满的敬佩。

世界上怕就怕认真二字。老徐，是个认真的人！

富康年

富康年 《读者》杂志社社长、总编辑

浅谈封面设计中点、线、面的视觉感受

徐晋林

书是铸造人类内心世界和情感的极为重要的工具。只有当我们使用了这种工具，才会真正体现出书所具有的功能。当拥有了自己的读者，则将起到影响人们行为的作用。为此，不管对书籍的内部还是外表的设计，作为装帧家本人必须慎之又慎地去认真思考。

——菊地信义

每当反复品读一代装帧设计大师的这一段话后，我不能不深深地思考作为一个装帧设计工作者的责任之重大。一本书发行上市与众多的读者见面，首先是通过封面的视觉语言传达给读者的。一件好的封面设计作品之所以能给人美感，除在思想性、艺术性、装饰性等方面都要遵循其基本原则，还须要有较新颖的视觉形象才能吸引读者。各种数量、大小、长短、形态的点线面的不同结构形式相结合，就可组成千奇百态生动的画面，使读者获得美的享受。封面设计的构思及表现是以内容为前提，是围绕读者的接受心理去认识和选择形式的。随着这种认识、选择，我们必须将构成元素这一处理造型的手段恰当地引入，那样自己的构

思才能得到深入与发展。

在封面设计中构成这些视觉形象的基本元素可分为三大类，即点、线、面。点线面如同魔术，有大小、长短、疏密、重叠，有节奏感韵律感，使人牵情动意。

封面设计是书籍的形象设计，所以也同样需要由点、线、面来构成，并使其合理组合，才能使整体形象完整，才能使作品产生美感。

点在几何学上是平面上面积趋于无穷小的圆的极限。只有位置，没有面积。然而在视觉艺术中，点、线、面是视觉造型艺术最基本的元素。这里的点，不仅有其位置，而且还相对地具有不同形状，不同色彩。由于点的位置不同、形状不同、色彩不同，所以能够产生不同的作用和许许多多变化无穷的视觉效果，给人以不同的感觉。人们一般只认为点是作为记号或小的标记存在的，是小的细微的形体。其实，点在视觉中是起着非常重要作用

《谁动了我的鱼》敦煌文艺出版社（2006.8）

的，通过点的存在往往使画面周围的空间充实或造成紧张感，同时也给读者带来了轻重、沉浮、秩序等情感。在封面设计中利用点的大小、疏密、轻重、聚散，表现出黑、白、灰的色阶，可层次分明，可含蓄耐看。比如《中国出版》1991年第4期的封面设计作品，在画面空间居中的位置刊名四个字的集中排列，形成一个点，很容易使读者的视线集中，一眼就能看到刊名，具有重点性。封面满版黑底，上面的图形有秩序地排列，点的间距较小，很容易给人一种张力，从而产生一种线和形的形态。又如《新极短篇》的设计，就动用了大小、浓淡色彩的点。这些点接近并向四周发展，具有空间和运动感。一行大黑体的书名与点形成了一动一静的感受。使用抽象形态来暗示或表达内文的思想或概念，造就一定的视觉刺激或形式美感以吸引读者，运用点的抽象设计形式感强烈，常常有奇特新颖的感觉。

线是点移动的轨迹。线有粗细、长短、浓淡、曲直等不同的线，给人以不同的感觉。或急、或缓、或迂回曲折。利用线的刚柔、缓急、粗细、曲直，表现出形体的结构，可优美生动，可粗犷豪放。线是视觉造型设计艺术中最基本的元素之一。线作为点运动的痕迹，使人能感觉到形的存在。当线以一定空间排列或成为封闭定向时，使人能感到是一个确有其物其形的获得。再如《中国一百个宰相》的封面设计作品，整个画面用浅色的面组成，图形上用字号较小的宋体字竖排出书目，使每个字的点形成长短变化的线，造成丰富和韵律的感受。用细线框与四角粗短线的结合，给人以单纯、秩序的美感，有一种直接及庄重感和浓郁的装饰味。几何学线能给人的视觉感受带来重、轻、静、动、伸延、迟、缓、浮沉等感觉。手绘线能随心所欲，使线能在长短、快慢、粗细、强弱、轻重等变化中各具特色。细线给人以优雅、清香、飘逸流畅的心理感受，有速度感、运动感，并能产生优美感。掌握和研究线的变化规律在封面设计中是非常重要的。

面是线移动的轨迹。面同点对比，总是巨大的。整体和特征也是点线密集的最终转换形态。面是以线为界域和形，不同形状的面，给人以不同的感觉。利用面的形状、虚实、位置、大小，表现出对比强烈的光暗，可安定平稳，可气势磅礴。在装帧设计中，面起到谐调整体关系，衬托色彩之间距离的作用，有面的存在就能够使画面更加丰富、完整。面同样是设计中不可缺少的重要因素之一。

点、线、面既是装帧艺术中构成抽象形态的造型手段，也是表现具象形态的基本手段。在用点、线、面构思组合的时候，首先要分析部分与部分、整体和布局的关系。要将所需要的特性加以强调，切忌为点而点，为线而线，为面而面，要视具体情况选用恰当表现内容的点、线、面，通过设计者的精心安排，可以创造出千千万万个各具特色的装帧设计艺术作品来。

《雪人——一个孤独的探索者》甘肃人民出版社（2008.5）

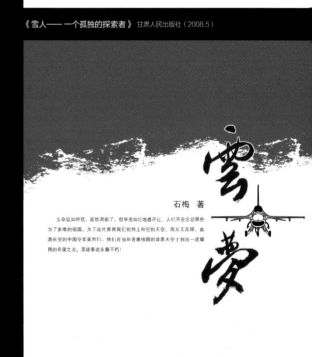

《云梦》甘肃民族出版社（2014.8）

善思者有缘，美从缘中来

缘分这东西佛学上讲，是一种条件。有缘，心想便能事成，大凡就有故事。投缘者总有些思想，善思者往往能聚在一起，成为合作者，干成一些有价值的事来，这叫有缘。前几年，有两部书定稿以后的封面设计遇到了一位投缘的合作者，他就是读者出版集团、甘肃教育出版社的资深美编、书籍设计家徐晋林编审。我俩虽不在同一个编辑部，但都是编辑同仁，在同一个大出版集团供职，也算拥有合作的一个平台。这平台对我俩来说确实是平的，因为发现在我们身上有重要的共同之处——善思。就从两部书的写作、责编和书籍设计说起吧。

其中的一部是本人的犯罪学专著《犯罪的人性解读》，书籍设计正好由晋林来做。晋林是位有思想的书籍设计家，他在设计前必与作者对话，着力捕捉书中亮点和独到之处，使自己进入状态；同时，他还了解作者为何写这部书，以此来掌握作者深刻的写作思想和意图，这样，他的设计灵感就不一般。人为什么会犯罪？社会上为什么有犯罪？原因是很复杂的。以往的犯罪原因研究，在学界多从阶级和经济根源上寻找答案，这方面著述可谓汗牛充栋，但鲜有从人性根源上做深入研究的，这几乎是空白。再者，人为什么不犯罪？社会的绝大多数成员为什么不去犯罪？这又是一个几无研究者问津的空白。这两方面都可以从人性深处找到根源。这是本书的核心内涵，也是亮点所在。晋林为本书设计的封面用明快的乳白色做实底，在封面上方的素白处用6号楷体竖排了9行文字，其意正是本书的核心内涵和亮点。将封面右沿装饰成窄窄的深色砖墙通栏图案；在砖墙顶部添加了一些有生命气象的树叶，其中有枯黄的，也有新绿的。显然，他完全意会了

人为什么犯罪（即兽性张扬，人性扭曲）和人为什么不犯罪（人性控制住了兽性，兽性收敛）这两方面的核心内涵。乳白色实底作封面基调，表达人不犯罪这一块；深色砖墙图案意在说明犯罪的人与牢狱有联系；有生命的树叶有黄有绿，表明狱中服刑的犯罪人既有破罐子破摔者，也有改过自新、希冀回归社会者这种复杂的情况。封面是视觉语言，自然属形象思维。晋林的书籍设计艺术正是通过封面这一形象思维将这种复杂的情况生动地传达给了读者。为表达对我的老师、北京大学法学院教授、中国犯罪学研究会会长康树华先生在我著书时给予的鼓励和支持，并为之作序等的感恩之情，我于2009年5月5日在京举办了拙作《犯罪的人性解读》出版谢师会。晋林应邀参加了那次聚会。他向与会者详细介绍了《解读》封面的设计思路，正如所言："一本书也许是作者倾注毕生精力的成果，收入了他的全部人生。他既然把书交到出版社，交到文字编辑和书籍设计者

《犯罪的人性解读》 甘肃民族出版社（2009.1）

手中，我们就要认真体会著作的含义，为图书的编辑、设计工作付出自己的全部心血，万不可在与作者共同演出的这个出版舞台中作为配角把戏给人家演砸了。"这一设计思想不仅突破了以往书籍设计脸谱化和贴标签的僵硬模式，而且展现了其所以是书籍设计家，而不是"设计匠"的深刻内涵。

我与晋林在京不期而遇，并欣然聚会，共叙书事，这难道不是缘分吗？

另一部书是我过去的出版社同仁、老朋友屠新阳同志的父亲屠基远先生的遗文集子，书中还辑录了作者在上海地下党工作时期的革命回忆录，所以书名叫《寄园纪事——屠基远文存》。"寄园"是基远先生书房雅号。我和基远先生是早在37年前就认识的忘年交。他于1921年出生在浙江绍兴，是和中

国共产党同龄的老革命。他早在抗日战争初期就已在上海商务印书馆加入地下党，开始了革命生涯。随后，以伪职公务员的公开身份打入江苏省汪伪政权内部，多次成功传递情报和掩护我党干部脱险。上海解放前夕，他在国民党上海市民政机关工作，机智地保护了上海市30个区的全部户籍档案，为新中国成立后上海

市城市居委会建设作出了杰出贡献。基远先生优俪育有4女4男，全都大学毕业，事业有成。

基远先生是一位睿智的革命者，又有一个幸福美满的家庭，他充满传奇的革命生涯和圆满的人生，令我等敬慕，总想为他做点什么，正好在他90华诞之时，他的长女新阳和女婿济福为他整理辑成了遗作《寄园纪事》。机会终于来了。我理所当然接手了基远遗作的审读和责编工作；负责出版本书的甘肃民族出版社又邀晋林先生为本书做书籍设计。晋林一如既往，多费心思，终于找到了新中国成立前上海商务印书馆办公大楼图片资料，以此作为封面显著标志，意在表达作者革命生涯源于中国百年老字号出版机构；同时表明作者也是编辑出身，因他参加革命的第一职业就是在商务印书馆从事工人报纸的编辑工作，这又拉近了和我们这些编辑人的距离，我们都是编辑同仁。作为当代中国的编辑出版人，能接手基远先生遗作并为他做些编辑出版的事情，这一切都是缘分。假如神探狄仁杰"这世上没有偶然，一切都是必然的"哲理能够成立，那缘分就是一种必然。正所谓善思者有缘，有缘就能成就好事，这便是大写的美，这美从缘分中来。

刘延寿 甘肃人民出版社编审

渴望

《守望成长——农村留守儿童教育问题研究》 甘肃少年儿童出版社（2013.10）

《行走西部》 甘肃教育出版社（2003.9）

《师说新语》 甘肃教育出版社（2013.11）

《教坛四十年》 甘肃教育出版社（2003.4）

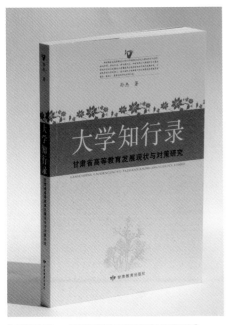

《大学知行录——甘肃省高等教育发展现状与对策研究 》
甘肃教育出版社（2011.11）

《西部教育集思录 》 甘肃教育出版社（2009.6）

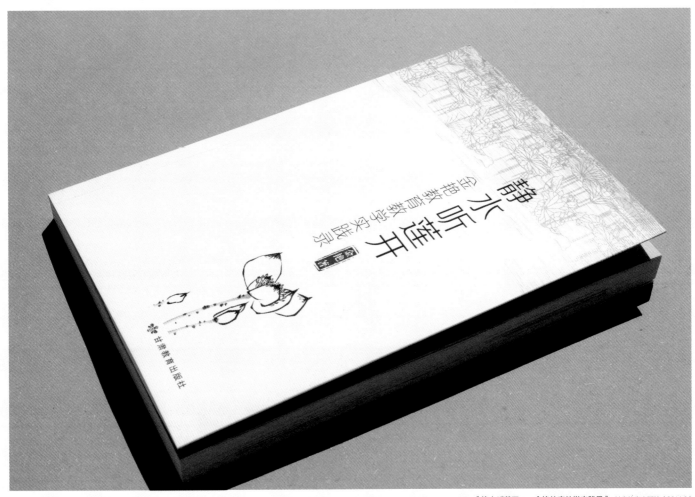

《静水听莲开——金艳教育教学实践录 》 甘肃教育出版社（2014.8）

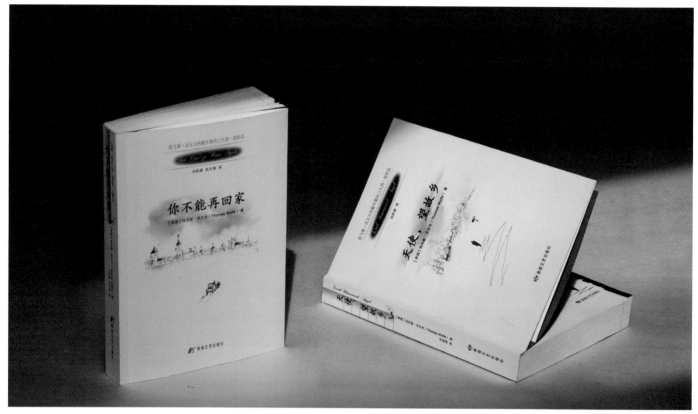

《天使，望故乡》 敦煌文艺出版社（2009.5）
《你不能再回家》 敦煌文艺出版社（2008.12）

意味的传递

——谈谈《你不能再回家》和《天使，望故乡》的封面设计

2008年的时候，我社决定出版托马斯·沃尔夫名著《你不能再回家》，这在国内属首译首版。这部长篇小说真实地再现了作者自己的家庭以及故乡父老乡亲的生活场景，描绘了美国20世纪30年代经济大萧条时期普通人遭遇的困境与苦难，以及通过"你不能再回家"这样的呐喊，鼓舞更多的人去寻找心中的家园。

对于一部经典名著而言，外形美和内在美的珠联璧合，才能产生形神兼备的艺术魅力。所以当时我考虑的是，《你不能再回家》的封面，在设计上一定要有着别出心裁的深意。请谁来设计？按说，我社的装帧设计力量是很强的，不需要外请，但我还嫌不够。我想到了徐晋林先生。晋林是我几十年的同事，我们两家又很要好，我对他的学养、不少有名的设计以及对装帧学的独到见解，是很了解的。还有，他在设计之路上执着得"你不能再回家"的那种劲头以及从他身上若隐若现投射出来的"学院派"的影子——这是什么呢？气质、艺术个性，和"你不能再回家"暗合的一些意味，这才是最主要的。对，请他，请他设计，不会有错。

那么他呈现出来的是什么呢？银白色的背景，中间是一幅精致的乡村小插图，天空中的云是水墨渲染而成的，浅淡的颜色几近灰绿，低低地压着错落有致的房屋。颇似童话世界里的尖顶圆形房屋，是用简笔勾勒出来的，繁简适宜，避免了与铺陈在上空的云之间的失衡，简洁的构图中体现着一种可望而不可即的故乡轮廓。两条细线勾出的回乡之路，随着视线的延伸，由宽渐窄、由近及远地通向远处的城堡，一种"乡关何处"的沉重情绪在片楮零墨里流淌。设计者匠心独运，在这条曲折的小道上，有一架马车载着归客驶向炊烟袅袅的小镇，细细咀嚼，在整个朴素淡雅的封面格调里浸透着一种绵长的忧伤和惆怅。

封面的上半部横排着楷体书名，庄重淡雅又不失柔和，涵摄着一种人性化的美感体验。在书冠偏上处对应着小说的英文

名You Can't Go Home Again，设计者似乎对这一行英文书名的安排颇费了一番心思，字体是一款书信手写体，着黄色调，并以咖啡色的底色做映衬，赋予了审美上的流畅感和线条感，同时也能使读者在这几个简简单单的英文字里体味出浓郁的西方文化元

素，这与本部小说的整体基调是相宜的。我不禁拍案叫好：晋林兄的这个封面，协同作者托马斯·沃尔夫有力地喊出了一声"你不能再回家"，可以说是对内容最好的诠释：让我们追寻精神的家园，寻找心中的故乡！

次年，也就是2009年，我社又推出托马斯·沃尔夫的另一部名著《天使，望故乡》，这也是他最成功的作品之一。这部自传性很强的小说以尤金的成长为叙述主线，探讨了孤独、死亡、时间等多个主题，是一部散发着浓郁生活气息的巨著。自然我们还请晋林兄来设计。可以说，这部小说的封面设计与《你不能再回家》有着异曲同工之妙，设计者恰当地表现符号的所指和含义，把复杂的问题简约化，将简约的表现艺术化，充满了人性化的

情趣和视觉吸引力。封面四周的"留白"与中间的简笔素描相映衬，疏疏朗朗的林木、寂寥的村落、乡间小道上前行的孤独身影，都在有意无意中呈现着"回乡"的元素与"故乡"的情结。寓意深刻，意境悠远，设计者的心血于此可见一二，晋林把托马斯这两部小说中那种淡淡的乡愁忧伤的意味极好地传递给了读者。

《兰州日报》2014年3月6日副刊

王忠民 敦煌文艺出版社社长、总编辑

中国君 著

回风舞雪
HUIFENGWUXUE

红楼梦

红楼梦

《回风舞雪〈红楼梦〉》甘肃教育出版社（2012.10）

充满无限热情的书籍设计

——从《中国"花儿"源流史稿》的装帧设计看老徐

刚过完元宵节，春寒料峭，我在单位碰见了老徐，便问他这段时间忙什么呢，他说："我的一本集子《游弋在方寸天地——徐晋林书籍装帧设计艺术》准备最近出版，有空的时候你给提点意见，最好能写点什么。"我勉强答应下来，真要写的时候，竟不知从何落笔，望着窗外树上尚未融化的积雪，我想起了去年请他给我社的一部书稿《中国"花儿"源流史稿》做装帧设计时的情景。

设计前，老徐说要先看看稿子，我抱着厚厚的两大摞书稿去找他，他说："待我看看稿子，再动手设计，你先不要着急！"对每部文字作品做装帧设计，事先都要掌握作品的核心内涵和捕捉其亮点及独到之处，是老徐一贯的做法。大约半个月后，我去办公室找他，他一见面就说："犹如空谷听足音，他乡遇故知！非感情相亲，更有学术认同。我给你好好设计，你要好好编辑加工，作者八十多岁了写这么一部稿子不容易，咱们不能给人家毁了！还有，你一定要找一家实力强的印刷厂去印制。"朴素但见地深刻的认识从他的话语中缓缓流出。这使我对老徐从内心中必须重新审视——一个美术编辑竟涉猎如此广泛！——对"花儿"民俗竟有着这样深刻的认识，着实让人咋舌！

这部史稿建立了花儿源流史体系，建立了西北花儿文化圈，

《中国"花儿"源流史稿》上、下册 甘肃民族出版社（2013.12）国家出版基金项目

点点滴滴的交往让我发现，他果然是一块闪闪发光的金子，他的每一幅作品，都是用心、用思想去设计完成的，不掺杂一丝虚假与做作。

老徐以自己深切、敏锐的社会洞察力与现实关怀精神面对生活，他的设计作品就是对他这种情怀的完美诠释，比如他的设计中灵动的风、如女子妩媚笑脸般阳光下的小河、梦幻般柔美安静的阳光……用色准确，构思巧妙，堪称大家；他把对生活的感悟，用丰富多彩的色彩表达出来，堪称极致。老徐的用笔，在自然中力求一种直白的平淡，抓形之中略见率性的洒脱；用色，也是在温润秀雅中，以平涂和浓丽之色表现现实生活的色彩观念，追求色相与色块的变幻与节奏。在某种意义上，也是对当代职业出版人和美术创作者双重身份与双重责任的一种表述。正如他所说的：生活中那么多美的元素，不善加利用岂不可惜？

曾经的出版让我们今天还能读到孔孟老庄之书，仍然可以在绵延不断的中华民族文明长河中领略这个民族的生存之道，感受她自强不息、厚德载物的韧性精神、栖居诗意、宽广怀抱和伟大心魂。也正是如

介绍了其产生、流变的地理路线图，将作为民间文化的花儿研究放在我国历史文化的大背景中，与传统文史联系起来，贯穿了祖国传统文化这根主线。整部书考证翔实，以大量历史的、现实的文献资料，阐明了原始社会花儿的胚芽状态、汉魏六朝的生成期、唐宋的形成期和明代的定型期以及清至民国的繁荣期等等。观点新颖，所提供的资料很新鲜、很完整，梳理归纳绘制了花儿形成演变的全景图，这在学术界尚属首次。

老徐是我的陕西老乡，工作中的好同事，生活中的好老哥，私交一直很好。有空的时候常在一起喝茶、打牌、聊天。闲暇时

老徐这样的当代职业出版人和美术创作者，正在把体现当代中国智慧的精神文化之水，汇入中华文明五千年的漫漫长河。

一个不懂书籍设计的门外汉，在此忝列洋洋千言，初是受宠若惊，旋又觉得有此机缘，真乃平生幸事。与老徐一续文缘，煮酒言欢论英雄，不知有幸读到本书的读者，是否有与我同样的感受？

刘新田 甘肃民族出版社社长、总编辑

《追梦集》 作家出版社（2010.9）

《题赠晋林先生》

寄情书艺三十年，方寸咫尺天地宽。
匠心裁剪出锦绣，画龙点睛成大观。
虽为他人作嫁衣，播火传薪乐无边。
书香留得乾坤满，壮志还须再登攀。

范宝平 临夏市政协副主席、临夏市作家协会副主席

图书的捍卫和创意的拯救

——兼论图书美编自身素质的提高

徐晋林

在写下这篇论文的标题之后，我打开了三联书店1983年版中译本的《第三次浪潮》，这书是美国人阿尔温·托夫勒在1980年写的。二十多年过去了，作者当年那些惊人的预测和假说，有许多与当今社会的发展吻合同步，其中不乏精辟之说："社会变革加速，相应地促进人们思想的变革。新的信息影响，迫使我们修正脑中储存的形象。以过去现实为基础的旧形象必须替换掉，否则就脱离现实，在竞争中软弱无力，无法应付生存。"按照托夫勒的观点，瞬息即变的文化时代到来了，文明越是多样，技术越是进步，就越需要大量的信息在社会中流通。对已经存在和即将产生的信息传媒工具来说，严峻的考验也同时开始了。

作为一名出版业界的美术编辑，首先关心图书的命运和图书发展的走向。可以这样认为，图书现在是，在新世纪展开的很长一段时间里依然是知识的载体，信息的传媒，是人们生活中不可或缺的精神食粮和信息接收方式。但是应该承认，图书作为社会主流媒体的地位正在丧失，整个图书市场单本图书的印量锐减；相反，图书的品种在增加。这种趋势顺应了人们不再满足单调的传媒方式，希望能有更多选择余地的文化心理。当然，这也是各种传媒工具层出不穷、相互竞争的结果。拿有悠久历史的传统媒体——报纸来说，版面越来越多。像《中国计算机报》、《精品购物指南》等报纸的版面已经达到了100个。专版越来越丰富，比如新闻专版、娱乐专版、旅游专版、IT专版、购物专版、时尚专版、理财专版、房地产专版、体育专版等等，一网打尽人们生活的方方面面。甚至许多都市报纸会告诉你今天的天气如何，空气指数如何，有多少悬浮颗粒物，这些超出报纸新闻概念的细微之处是媒体在竞争中生存的表达。再比如调频多波段收音机和卫星传输的24小时卫星电视节目，如水银泻地般涌进千家万户，成为普及率极高的传媒接收方式。录像机、CD、MD、VCD、DVD这些反射着技术革命印记的亮闪闪的光电传媒工具，成为家庭休闲时知识、娱乐的有力补充。最要命的是电脑PC化之后，互联网把千千万万散落在世界各地的网站连在了一起。巨大的信息储存和强劲的带宽频道支持，只需要轻轻打进一个网址，点一下手中的鼠标，知识和信息的海洋就淹没了你，世界被网络变成了

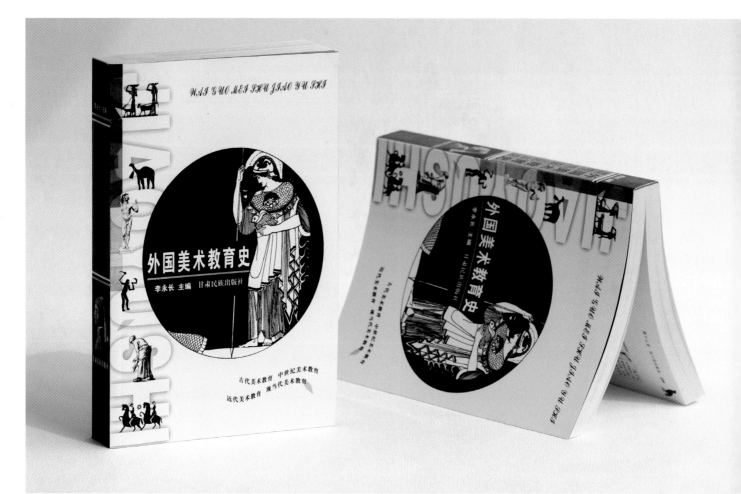

村落。现今WAP手机、蓝牙手机、3G手机开始面市，这些灵巧的手机不仅可以通话，还可以上网，上电视。不知道科学家们还会拿出什么新玩意儿来让你适应，直到它们成为了你生活中信息和知识的载体之后才会罢手。当我们讨论这些问题的时候，自然会想到图书的出路，或者还有些许忧虑。有着3000多年历史的图书难道到了该退出历史舞台的时候了吗？我看不是，只不过动不动一本书印几十万、几百万册的时代过去了。人们需要小印量、小读者群落的图书，需要图文并茂、精美精致的图书，需要在报纸、杂志、电视、电脑中找不到或受技术限制无法复制的图书，需要专业性、针对性极强的图书。这些图书必须是经过精心策划的，在某一领域极尽细致的，装帧设计要考究，印刷要精良，开本要跳跃，图文比例要合适。比如说你点击WWW.XYS.COM.CN，新语丝图书网站，在古典小说栏里再点击《红楼梦》，你马上可以看到全本的原文。但是你想看插图本的《石头记》就费劲了，图片刘网络后台的拖累远远大于文字。那么一套用现代印刷术精工制作的线装插图本《石头记》就可能会有市场。因此图书的观赏性、收藏性和独辟蹊径的选题就给图书的出版者们留下了丰富的生存空间。这样一种市场变

《北地雪》上、下册 敦煌文艺出版社（2002.7）

化，使图书美术编辑的作用大大增加了，这种角色的置换过程也许是缓慢的，但确实是必需的，决定这一点的是残酷的市场，而不是人的意愿。读者在判断一本书是否是精品的时候，首先映入眼帘的是装帧设计的艺术效果，再翻内文，布局合理的照片图片与文字交织在一起的版面设计、平面的视觉效果会对购买产生冲击。美术编辑的艺术修养，文化功底，鉴赏水平、制作工艺等

等，会给图书的内涵添加奇异的光彩，从而抓住读者的眼球。随便举两个例子：由海南出版社翻译出版的美国时代生活出版公司主持编辑的大型图文史诗作品《第三帝国系列丛书》，大32开，共10辑。这套丛书描述了纳粹德国的崛起到覆灭的整个过程，每一辑有一个中心主题。其最突出的特点是它的完整性和细微性。几乎每一页正文都有反映历史尘迹的图片或图片专页，大量珍贵的照片立体地映现出了第三帝国的历史，许多照片的细致令人叹为观止。比如说有关希特勒办公室、书房、卧室的一组照片，让人仿佛身临其境，印像极深。再比如党卫军肩上的标志花纹如何识别？有关战争的场面，集中营的场面更比比皆是。这套丛书是军史研究者和军事类图书爱好者不容错过的好书，虽然全套书的定价是250元人民币，但我想这些读者会毫不犹豫地买下。由东方出版中心出版的旅居海外的华人张耀的融合影像、文字的作品集《黑白巴黎》和《彩色罗马》，展示了一种全新的图文出版理念，书中用一连串个性化、视觉化的城市故事：黑与白的地带组成《黑白巴黎》，将一般人心目中缤纷艳丽的巴黎，以黑、白、灰色现出，展示了一个疯狂的都会和它的梦想者之间的故事，十分抒情而又极富想象。由高反差各类色调形成的《彩色罗马》，陈述了一个片段的、偏见的、一个夏天感觉的罗马。在大胆放肆的颜色波动中，我们读到了一个千年古都的进行和离析。书都是国际16开本，16印张，黑白版定价72元人民币，彩色版定价98元人民

币。我注意了一下这三种图书的印数：《第三帝国系列丛书》印数5000套，《黑白巴黎》印数8000册，《彩色罗马》印数6000册。那么这三种图书首版的码洋分别是：125万元、57.6万元、58.8万元。几千册印量的图书码洋达到如此的高位，值得业内人士深思效仿，而且这类图书的重印率会很高，那么它的附加值也会很高。顺便提醒一句，这三种图书之所以敢于小印量、高价位出版，就是把历来作为附属、点缀地位的美术编辑的作用发挥到了一个前所未有的高度。从成本计算和库存积压的承受能力上说也十分经济。美术编辑的工作阵地突破了四封、环衬、版式的框框，已经进入到了选题的策划，素材的搜集整理，全书图文比例的裁切、排放等核心内容方面。甚至可以认为，这三种书的成功在很大程度上是凭借了美术编辑的文化功底、艺术修养和非常专业的装帧设计思想。

人们越来越喜欢个性化的东西，立体直观的东西，阅读中有欣赏和赞叹，购买时有收藏和把玩的企图。可见，图书美术编辑在新的图书出版态势下的自身素质就显得格外重要，归纳一下大概有以下几点：

1.扎实的艺术功底和宽容的艺术思想。前者表达了一个图书美编的基本素质，教育背景以及工作经验；后者是一个思路，对艺术的流派，观点的发展了然于心，关心前卫的说法，因为艺术本身就高于生活，从而保持创作的活力和灵感。

2.文化的积淀。美术编辑在偏好艺术感觉的同时往往忽视文化的积淀。其实文化对于任何一个人来说都是不可或缺的。博学多闻，厚积薄发，在需要的时候，平时的积累就发挥作用了。这种作用不是一朝一夕，而是冰冻三尺、旷日持久的结果。

3.过硬的专业知识和新鲜技术。书籍的装帧设计是一门高深的、也是立体的学问。图书的整体和局部，材料与工艺，思想与艺术，表面与内部等大局观，开本、装订、印刷、纸张、图片、护封、封面、书脊、环衬、扉页、正文、目录、字体、字号、颜色等细微之处，都是美编着力的地方。技术的发展要求美编必须懂摄影，懂电脑。美学的，光学的，平面的，三维的，对这些知识或技术的掌握，往往在作品中一览无余。俗话说"字如其人"，延伸到图书装帧设计的作品上也是同理。

4.策划的意识和敬业精神。一个好的选题如何运作，已不再仅仅是文字编辑的事了。市场要求美编的积极参与，道理在前面说了很多。图书图书，本来就是图和文字组成的书，很多美术编辑的误区就在这里。只管图不管文，自然就隔了层；不熟悉和掌握书稿内文亮点和精华，何以产生设计灵感？其次是敬业精神。一旦工作展开，就应该全身心投入，出思想，出观点，出冲击视觉的亮点，不厌其烦，不厌其精，用诚恳，用器官，用心去呐喊。

5.要有点科研精神。有位业内同仁曾署文提出，编辑也应搞点科研，这自然包括文编和美编。尤其是美编，装帧设计前的一系列准备工作本身就具有科研性质，比如细读书稿，研磨文脉，捕捉亮点，搜集各方资料，选用与书性相吻合的纸张，采用恰当的印刷工艺等，都是科研活动。唯此，方能有所创造，有所突破。有人说没时间搞科研，这是懒惰的借口，时间是靠勤奋挤出来的，奋斗出时间。

由于时代的变迁，技术的进步，人们思维和需求的变化，强大的信息知识传播系统越来越健全了；非群体化的传媒方式让人们越来越自由了，自在了；传媒市场的竞争也就越来越残酷、越激烈了。这是千真万确的事实，也是无法阻挡的进步。图书市场的萎缩和发展是成正比的，图书的精彩和独特的社会功能也是其他媒体还不能取代的。至于图书美术编辑在图书出版中的作用、角色，只能算是冰山被掀起了一个角。然而毋庸置疑，图书美术编辑自身素质的全面提高是图书创意无尽的源泉，用自己的素质、才华、心血执着地创造，献身图书出版事业，是每一个图书美术编辑的崇高职责和对图书这一最后阵地的一种拯救。

《甘肃新闻出版》杂志2001年3期

《装饰画艺术》 甘肃文化出版社（2011.5）

河西●走廊
HEXI ZOULANG
沙尘源区生态环境治理
SHACHEN YUANQU SHENGTAIHUANJING ZHILI

《河西走廊沙尘源区生态环境治理》 甘肃科学技术出版社（2013.8）
国家出版基金项目

友谊 合作 突破

——浅谈《河西走廊沙尘源区生态环境治理》设计理念

我与徐晋林编审于1991年在科技社认识。我们在科技社共事了将近十年，建立了深厚的友谊。徐教授为人正直，学术严谨，设计了许多优秀的作品并获得过不少大奖。徐先生的设计理念与众不同，风格独特，并出版了符合自己独特设计理念的专著，他的学识与人格魅力令我钦佩。

2013年，有幸又与徐先生合作编辑出版国家出版基金项目——《河西走廊沙尘源区生态环境治理》一书，这自然成为我社的重点出版工程。我们理所当然地把这项出版工程的书籍设计交给徐晋林编审负责实施，冀望使本项目图书达到精品图书的标

准。晋林先生果然不负众望，经过潜心调研，精心设计，终于拿出了令人十分满意的设计精品，为提高甘肃科技图书的出书品位做出了重要贡献。

本书的装帧设计意图既要体现科学精神，又要传播科技知识，同时还要表达人们对绿色家园的梦想。其设计要求是立体的，难度很大。因为这是一部原创性学术专著，更是一部凝结着甘肃科技工作者十余年心血和汗水的学术成果。河西走廊已经成为我国主要的沙尘源区，给国家的生态安全、社会和谐构成了严重威胁。如果不采取有力措施加快治理，腾格里沙漠和巴丹吉林沙漠不久将会在民勤会合，从而造成不堪设想的环境灾难。河

西走廊的生态问题不仅仅关系到河西地区，而且关系到甘肃全省乃至全国生态安全的大局，其研究成果为当地改善生态环境提供了技术依据，为同类地区防治沙尘暴起到良好的示范作用，为国家制定治理荒漠化政策提供理论和技术依据。对此，徐先生有深刻理解，他准确把握设计意境，一幅书籍形态的殊胜蓝图已成竹在胸。他对我讲述了自己对书稿内容的理解与设计上的创意，书稿整体设计突出人们对绿色的渴望，所以，从内容到封面的设计突出绿色，让读者在阅读干涸沙化的内容时起到赏心悦目的效果；纸张选材上选用了浅黄色，强调了沙漠化向绿色治理的渐变语意过程，封面及版式上设计了与内容相关、具有深意的图案元素，达到了只能意会不可言传的效果，在科技类书稿的图表处理上别具一格。总体设计打破了国内科技专著类图书的设计格局，达到内容与设计的统一，堪称为一部科技类精品图书的书籍设计。徐先生的书籍设计打破了科技图书的常态化设计理念，使甘肃科学技术出版社学术类图书的装帧设计有了一次重大的突破；加之这个项目申报国家出版基金的成功，填补了甘肃科技图书出版的空白，大大鼓舞了全社编辑的自信心。

在徐编审从业近30年之际，我们感念他为甘肃科学技术出版社书籍装帧设计所做的贡献，衷心祝愿他的设计理念更上一层楼。

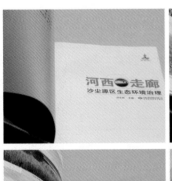

黄培武 甘肃科学技术出版社社长、总编辑

《微言掇拾》甘肃文化出版社（2007.9）

用色不多寓意深

2007年六七月份，《微言掇拾》结集的时候，我请甘肃图书装帧界翘楚的徐晋林君为它设计封面。过了一段时间，当我拿到彩样时眼前一亮：白底上，作者名、书名和一小段文字之下，只有一条鱼和一只眼睛。这一切被一个粗细不一、占据封面一半以上的圆圈围拢起来。除那只神似眼睛的图案稍有些许淡淡的蓝色而外，其余皆为黑色，对比明显却又不失柔美，显得高洁、素雅，充溢着浓浓的书卷气。一时间，我忽然想起张守义先生为左拉《娜娜》设计的封面来：白底上只有寥寥几笔勾勒出的黑色人物画像，也是一点点淡淡的淡蓝色。晋林君设计的这帧封面竟与它有着异曲同工之妙！

而这仅是视觉效果。从这幅封面深邃的意境和象征意义言之，也有独到之笔。如果我揣摩得不错，那一个大圆圈、一条

鱼、一只眼，似乎隐隐透露出书作者乃是一位游刃有余地一只眼看稿、"为人做嫁衣"，另一只眼以独特的视角看万花纷呈的大千社会，写出这部书的出版圈里人；散发出对出版工作者的褒奖之情。

封面设计绝不是单纯地图解书的标题或者内容，而应像装帧设计家吕敬仁所说的那样："一本好书不是靠外表的打扮，更在于内容和设计关系的贴切"；同样需要设计者倾注全力，熟谙书稿内容，精心构图，合理用色，将完美的表现技巧与新颖的意蕴融为一体才行。晋林君曾经告诉我，有时为了设计一帧封面，需要将一部几十万字的书稿细读一遍，由此生发出创作的灵感来。设计家付出的心血于此可略见一斑。

一己管见，晋林君一哂对之可也。

李果 甘肃人民出版社编审

徐晋林设计工作室

期刊·插图·"铅与火""光与电"的手工设计

《装饰画集》甘肃民族出版社（2006.1）

《飞碟探索》杂志 （1990.3期）

《飞碟探索》杂志 （1994.2期）

《飞碟探索丛书》5册 甘肃科学技术出版社（1993.2）

《飞碟探索》杂志 精选第一卷 甘肃科学技术出版社（1988.9）

《飞碟探索》杂志 1988年1—6期合订本 甘肃科学技术出版社

《藏族情歌选》甘肃民族出版社（1989.6）

《邱宅大血案》甘肃人民出版社（1992.12）

《魔狮》甘肃少年儿童出版社（1988.12）

《现代名人楹联》敦煌文艺出版社（1989.3）

《心理现象基本实验与测量》甘肃教育出版社（1990.1）

《流浪与梦寻》甘肃少年儿童出版社（1994.10）

《胆道外科学》甘肃科学技术出版社（1994.10）

《干旱地区农作物需水量及节水灌溉研究》甘肃科学技术出版社（1992.10）

《大学英语四级考试卷详解》甘肃科学技术出版社（1993.6）

《西北地区2000年科学技术发展战略与对策》甘肃科学技术出版社（1988.10）

《泉源》敦煌文艺出版社（1995.10）

《中国古代小说演变史》敦煌文艺出版社（1990.9）

《针灸补泻手法》甘肃科学技术出版社（1995.7）

《男性形象设计宝典》甘肃人民出版社（1994.8）

《环湖崩溃》敦煌文艺出版社（1994.9）

《名车广场》陕西旅游出版社（1995.5）

装饰画集

ZHUANG SHI HUA JI

徐晋林 著

甘肃民族出版社

装饰画集

徐晋林 著

甘肃民族出版社

ZHUANG SHI HUA JI

《装饰画集》 甘肃民族出版社（2006.1）

《装饰画集》序

汉墓壁画是我国最早的线描画，唐代的《金刚经》中的扉页画，是我国发明印刷术后的雕印黑白画艺术，相继的木刻雕版佛像、店铺的包装纸、年画和书籍插图，都以线描为主。欧洲在文艺复兴以前的版画，也是用线条表现景物，不追求其光暗，至今线仍是绘画的基本形式之一。

晋林同行的黑白画，初看上去，虽然以大块黑白为主，但附加在黑白体面中的各式粗细、长短不一有力的线条，可为作品之精华。

我多年侧重黑白插图创作，让我为画册撰写序文的艺术家，大多数都是我的同行，他们都是在各出版社专职从事美术编辑工作的。由于书籍装帧是一门从属性艺术，它在创作等方面受到各种客观条件的制约，给画家带来很多难度。去年我为一位同行的

黑白画集所撰写的小序《先易后难》，是从期刊插图创作题材单一这个问题论述的；这次欣赏到晋林插图中丰富、有力、多变的各式线条后，下面仅从自己过去在追求线的力度方面，谈一些学习体会。

在上世纪50年代初，我刚参加工作时，出版社美术编辑室为了提高封面和插图的制作艺术质量，我室成立了版画学习班，由当时我室编审、我国著名版画家刘岘先生系统传授木刻版画技艺。大家用刻刀雕出的各种线条和物象富有力度和质地感，赋予封面画和插图作品新的艺术力。但这一艺术手段的运用，延长了制作图像（绘制制版稿）的时间，违背了图书生产的"多快好省"的原则，我们只刻了两年木刻，大家只好弃刀拾笔，又重操旧业了。

版画艺术并非是表现物象力度的唯一手段，我国的传统绘画（国画）的绘具是笔和墨，它在运用各种线表现力度和物象质地上，其技法归纳为"十八描"。

当时由于自己笔墨不过关，但又追求笔下有力，我就充分利用制版稿不要求光洁、平整的特点，在绘制原稿时采用贴补（打补丁）的办法。画景物时用中国写意的笔法来画（不起稿子），这样画出来的图像有力、生动，笔迹还有笨拙劲。但由于自己技术所限，用写意方法画，很难做到各个部分都画得很好。对其中不够理想的地方，我就在另一张纸上再重画，而后补贴到原画上。因为画坏了就贴补，有时一两条线要画上十几次才满意，把制版稿贴补得很厚。有一次，工厂师傅跟我开玩笑："老张，你的稿子我们要上秤称了，过量不收。"

以上是我在追求线的表现力中所走过的路。我想晋林同行在初学线描画时所利用的方法不会像我如此笨拙，但他也绝对不会很轻松。

这篇短序仅从晋林作品中纯熟、生动、有力的线条谈一点体会，画家插图中新颖构图、黑白艺术对比、装饰趣味和立意等就不作评介了，欣赏、想象的空间留给广大读者。

《装饰画集》甘肃民族出版社 2006.1

张守义 著名书籍设计家、插图画家
中国美术家协会插图装帧艺术委员会原主任

一种纯净 一种风格

——谈徐晋林的黑白装饰画

初见徐晋林的黑白画，是去年底、今年初在一些期刊上的零星之作。近期《甘肃画报》等国内专业期刊相继专版介绍，铺开他还未发表的作品，竟达300多幅。

晋林原籍山西，又曾经随其父在陕北生活过一段时间。而今，唯独陕北留给他的记忆最难忘。尤其是那一片热土中滋生出的剪纸艺术，满是生命力撞击后的震慑……他说他至今回想起，总有某种难以按捺的冲击。这或许就是对他作品的一种诠释。所以，他的许多黑白小品，一眼就能看出"乡土剪纸艺术"的痕迹。

或许，由于某种同等力量的观照，晋林的作品又瞄到了一个更广阔的文化背景，那便是整个中国西部——西部的情调、西部人的气质。然而却是在心灵被冷缩后，看似平静地去追求那种文化背景所围成的一种不同格调的境界气氛：平凡的却是永恒的空寂；野性的却是闲适的混沌。继而并予以转换，统置于单纯中，却富有内蕴。

黑白装饰画，既是传统绘画所表现的形式，又是现代艺术所表现的手段，而作为后者，强调更多的是特定文化背景下的某种有意识的独创、有意味的形式。显然，晋林的作品在这方面是成功的。超常规（人赋予人以外物种的灵性的途径）、常态（人与人以外物种仅自然行为的组合方式）和常法（装饰性极强而不拘泥）的追求，试图把生活中许多自然的哲学命题化成视觉感受的对象，以揭示整个人性、自然在人们心目中的潜在陌生的印象。是凝重，有一种百年孤独与神秘圣洁的意味；是寂静，有着真挚而温馨的纯净内涵。

晋林作品的焦点对准的是人，然而借助的往往是人以外的物种。人在神秘、纯净的自然情感里，人与以外物种对象之间的某种粗朴的和陌生的语言得以转化和寄托，人以外物种也似乎具有了人的灵性；反过来，从这忘我的物我交融中，最终却体现了创作者自我的文化精神——一种对个体生命和时代本身的超越。

又一个值得关注的现象，那便是他的许多作品颇重雅趣的选材，然而笔下的雅趣往往脱胎于现代意义上的一种野趣。这恰恰是现代黑白装饰画最难得的地方。

作为一种风格的探索，晋林所创作的黑白装饰画，虽然还没有走向一个圆熟的境界，但他似乎从一开始就很幸运地找到了自己创作视野的突破口，但愿这种创作契机不会丢失，也愿人们能咀嚼和品位他的作品，而不是仅仅获得感官的愉悦。

《甘肃日报》1991年10月20日第4版

高剑峰 《读者·乡土人文版》杂志社主编

装饰绘画的个性之美

——《装饰画集》简评

　　装饰绘画是介于绘画和图案之间的一种边缘艺术。人类早期的艺术活动是从装饰绘画开始的，早期的绘画史也就是装饰画的发展史。绘画重"形"，而装饰画强调"神"，它的构成核心是夸张与理想化。装饰绘画对自然形象不是采取模仿的态度，而是按照节奏、韵律、对称、均衡、连续、反复、变化、统一的形式美法则，运用夸张、变形、抽象的方式进行艺术加工处理，在秩序化的平面中形成艺术的基本结构。在装饰画的创作中要用自己的灵感去激活形式法则的深层内涵。

　　装饰绘画的产生可以追溯到人类的早期，人类以生存需要为标准，决定着选择与淘汰的自然法则。装饰形式就是人类选择的合乎人的生存环境的艺术形式。那时的装饰绘画更多地表现了艺术的随意性。原始社会的人们就在岩壁和生活器具、饰品等物上，用绘画的形式描述着他们对美好生活的向往。那时的图形就已经具有了丰富的艺术想象力。

　　《装饰画集》主要由彩色和黑白两部分组成。在装饰色彩的作品中，作者着重于色彩的情感表达，通过色彩把自己对某一事物的感受和内心的情绪表现出来。主观色彩抛弃了写实色彩的空间真实性，着重于人们对色彩的情感、联想以及色彩的象征性。作品色彩的运用是超越自然真实的再现，按美的法则和主题的要求，把自然界中千变万化的色彩进行情感化的加工，使其更丰富、更具表现力。理想化与浪漫化的色彩处理，也是作品色彩感情的反映，以最大程度的感性色彩来体现自己所要传达的视觉感染力，并具有了丰富的艺术想象力。这些因素，是形成装饰色彩的重要因素。本书的黑白装饰小品，以概括、提炼、夸张、变形的表现手法，运用点、线、面的基本元素，在形态上以各自的黑或白相互控制插入对方、依靠对方、互借互用的方式而构成一个完整有机体的黑白形体组合关系，通过黑白形体构成非客观的感性形象。作品强调更多的是特定文化背景下的某种有意识的独创和有意味的黑白造型手段。画面粗犷而厚实，并流露出稚拙、纯真、耿直、幽默之情趣。

　　作者以抽象的绘画手法，运用点、线、面的基本元素，将情感糅入到装饰作品之中。装饰形式新颖，使其作品在形态与表现意境上相吻合，并以现代人的思维和观念去引导和陶冶人们的心灵，它的构成核心是夸张与理想化，然后进入了现代的个性之美。

《甘肃书讯》报 2006 年 12 月 6 期

姚静萍　西北民族大学美术学院教授、硕士研究生导师

画龙须点睛

——《飞碟探索》美编工作随笔

徐晋林

《飞碟探索》是一份非常优秀的杂志，创刊15年来一直以其独特的品质和厚重的文化韵味得到了众多读者的欣赏。按期刊分类划分，《飞碟探索》属于自然科学性质；按内容论，又有许多社会科学的知识融汇在里面。近几年，杂志围绕"飞碟文化"这一话题开设了一些新栏目，使两大学科相互交叉的趋势浓烈起来，风格更加鲜明。《飞碟探索》已经跨入了大刊行列。《飞碟探索》近5年的发行量稳定在30万~35万份之间，发展的步骤稳健、适度。可以说，《飞碟探索》已经是科普型杂志群落中的精品。

由上述的一些看法来分析《飞碟探索》美术设计的基本思路和由四封、彩插、图片、插图、版式等方面架构出的杂志的艺术面貌，大概有如下几个方面：

一、《飞碟探索》依托地球人对茫茫宇宙万千奥秘寻觅不已的心理，创造出飞碟文化并由此引发了对各种未知现象科学意义上的广泛讨论。这就要求把设计的整体构思定位在冷峻、神秘的基调上，逐渐渗进现代节奏和气息，烘托整个杂志的宗旨，使众多读者对这份杂志产生浓厚、持久的兴趣。

二、美术设计要贴近并反映这份特殊杂志所要传递的特殊信息。1.UFO案例和其他未知神秘现象案例是整个杂志的基础。2.宇宙天文现象和人类发明的一系列探测工具。3.古代文明留下的遗址、遗迹与人类的发展。4.生命世界极其丰富。根据文字描述，发挥艺术的想象力，使一些鲜为人知的生命现象直观地提供给读者，也是美术编辑的职责之一。

三、封面是一份杂志的面孔。现行的《飞碟探索》封面以白底色铺垫，红颜色的变体字刊名，几条要目，一条广告语，两张精心选出的封面图片。同时按出版管理规定，标注了统一刊号和书码。整个设计符合冷峻、神秘的要求，简练、厚重。纵观国内期刊，很难再见到与《飞碟探索》封面相似的设计风格。

《飞碟探索丛书》5册 甘肃科学技术出版社（1993.2）
获"第五届全国地方科技出版社书籍装帧艺术"二等奖（1993.10）

四、重头戏摆在由封二、封三、封四和4面彩插组成的图片栏目上。这些栏目围绕飞碟文化，既紧密联系又相对独立。比如UFO目击实录，太空飞行器和最新型宇宙探测器，古代著名文化遗址和古代建筑，自然奇观奇景，国内外太空美术作品，奇异的生命世界等。每个栏目都精心制作了不同的标题，并用一定分量的文字把图片串起来，可视性和可读性都有所兼顾。

五、插图，这几年随着《飞碟探索》杂志整体风格的形成而具有了一些特色。主要是在约稿过程中，要求作者把握住与期刊风格的统一，以大块的黑白对比，平面的分割组合，环境气氛的着意渲染和强烈的时空感，把梦幻和现实揉在一起，避免一览无余，而留给读者一个想象的空间。另外，大量使用黑白照片，用新闻性的图片语言来取代美术作品。版式设计注意了简洁、明快，讲究庄重大方，结构紧凑和谐，运用点、线、面的基本设计规律，注意独特手法的建立，读者看了舒畅，从而增加阅读的欲望。

六、《飞碟探索》的系列产品如合订本、精选本也与杂志保持了一种风格，这样长期坚持下去，能够产生广告效应和反伪效应。

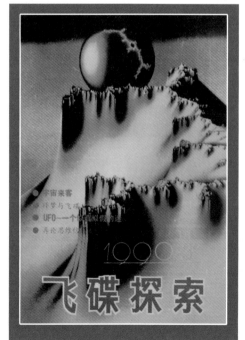

《飞碟探索》杂志（1990.3期）
获"全国期刊展览"整体设计三等奖（1990.9）

《飞碟探索》杂志（1994.2期）

惊恐的一夜 《飞碟探索》杂志插图

以上只是把工作的体会写出来，需要改进的地方还有很多：资料库、图片库的建立和扩充，作者队伍的建设和发展，新的栏目和想法的实践，稿酬制度的变化，广告设计意识的增强等，都是以后工作中应该进一步完善的地方。思想停止了，满足了，杂志就会落伍，这里有一个职业道德和敬业精神的问题。随着科学技术的发展，美术编辑的眼光应该首先盯住新鲜事物。比如在条件具备的情况下，使用三维动画软件在微机上制作封面，设计版面，剪裁图片和绘制插图，把杂志的美术设计风貌推上一个新台阶。

《飞碟探索》今年创刊15周年了。在瞬息万变的科技成果面前，杂志面临的挑战愈加严酷和现实，新的媒体在不断涌现，人们的兴趣在被越来越多的文化传媒形式所吸引。谁否认这一点，谁就不算清醒。因此，适应新的形势，踏实本职工作，永远用新的标准来要求自己，恪守一个美术编辑的神圣职责，是今后自心以求的目标。

《甘肃书讯》报1996年3月1-2期

给外星人捎个信 《飞碟探索》杂志插图

宇宙的文化时代 《飞碟探索》杂志插图

往事回谈

——记忆中的《飞碟探索》杂志

　　1980年年末的一天，王化鹏同志拿着一封信进了我们大办公室，他是来征求大家的意见的。时值中共十一届三中全会以后，中国内地的知识分子思想获得解放，人文、科技、思想、理论、新闻、出版等各界空前活跃起来，广大人民群众对知识的渴求，强国的欲望达到了空前的地步。在出版界，普及科学知识的刊物如雨后春笋般纷纷破土而出。当时在北京有几位学者，他们看准了这个潮流，酝酿着办一份探索不明飞行物的刊物，他们四处联络能出版这份刊物的出版单位。王化鹏手里拿的正是他们的来信。信的内容很简单，就是刊物由他们组稿，由他们编辑，由他们设计，只是找一家出版单位来出版，他们只挣个辛苦钱：每期1200元人民币！至于杂志出版后的发行以及盈亏，全由出版社来承担。原来北京方面联络了好几家出版单位，有的抱着迟疑的态度，有的还在酬劳上讨价还价，只有甘肃方面的态度最积极、最干脆，所以他们决定把这份刊物交给爽快的甘肃人来办。因为刊物属自然科学类，于是落户于我们甘肃科学技术出版社，刊名就定为《飞碟探索》。

　　《飞碟探索》杂志创刊号于1981年2月25日正式出版发行，为双月刊，16开本，3印张，定价0.30元，首期印数3万册。记得创刊号的封面图片是一只正在升空的碟形飞行物，大红底色，摆在众多的刊物中颇为醒目。《飞碟探索》杂志的办刊宗旨是探索未知、开阔思路、普及科学知识，在内容上以研究不明飞行物现象为主，兼顾天文、考古、地球史、宇航、生命科学、历史等方面的知识，力求科学知识和科学趣味性的统一。主要栏目有：探索与争鸣、太空舞台、宇宙探秘、生命溯源等，本着争论有益的方针，在探索真理的前提下，为飞碟存在论者和否定论者提供平等论争园地，促进了各派学说的相互争鸣和砥砺，推动了UFO研究事业的发展。

晋林是1990年2月调入科技社工作的，当时主要负责《飞碟探索》杂志的整体设计和科技本版书的装帧设计工作，时值杂志的转型发展期，他的到来为杂志编辑部注入了新鲜血液。

20世纪90年代初期，全国各类期刊的印刷质量有了明显的提高，为了适应期刊迅猛发展的形势，不断提高刊物本身的质量，晋林根据飞碟文化的特点，把对杂志的整体设计定位在冷峻神秘的基调上，重新规划了杂志的封面设计方案。杂志于1992年将封面由胶版纸改为铜版纸，封面图片印刷质量大为改观，为刊物增色不少。在全国数千种杂志中可谓独树一帜。1994年又增加了中心彩色插页，他在杂志的彩插设计上，有规划地分期分批展现了

《飞碟探索》杂志精选第一卷 甘肃科学技术出版社（1988.9）　　《飞碟探索》杂志1988年1—6期合订本 甘肃科学技术出版社

目击实录、太空飞行器、古文化遗址、自然奇观、国内外太空美术作品及奇异的生命世界等；配合精彩的文字说明，加大了刊物的信息量，提高了刊物的可读性和收藏价值。同时，内文全部改为激光照排胶版印制，正文印刷质量和插图质量上了一个新的台阶。他的设计，配合着文字编辑们的辛勤耕耘，得到了广大读者的认可。杂志的发行量一度直逼35万份大关，多年来都稳定在30万份上下的水平上，创造了良好的社会效益和巨大的经济效益。

《飞碟探索》杂志当时在国内大部分科普刊物不景气的形势下，坚持自己独特的办刊宗旨和办刊风格，独树一帜，自立于刊物之林，赢得了海内外广大读者的青睐，成为国内科普类刊物中印数较大的刊物之一。30多年来，《飞碟探索》以其独特的装帧设计形态和雅俗兼顾的内容在广大读者心目中留下了深刻的印象。

王郁明

王郁明 甘肃科学技术出版社原社长、《飞碟探索》杂志原主编

渺茫的未来和火热的现实 《飞碟探索》杂志插图

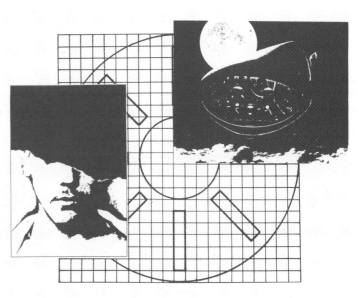

UFO研究能否成为科学的研究 《飞碟探索》杂志插图

留住铅字的温度

——忆"铅与火""光与电"的手工设计时代

徐晋林

在中国近现代图书出版印刷史上，曾有过"铅与火"、"光与电"的手工设计时代。我怀念那个时代，怀念铅印图书留存于记忆中的点点滴滴。以手绘稿与铅字拼在一起铸成铅版，使每一帧设计都有着沉稳的重量、硬朗的筋骨和柔美的温度。那些有着凹凸触感，仿若压印上去，散发出质朴的美感，甚至偶有不完美的汉字也烙上时代的印记，逐渐成为读书人的回忆。活字版印刷自毕昇发明以来沿用了千年之久，希望那些铅版书籍还能承载着一份温暖留在记忆深处，让那些老版铅印书永远陪伴于读书人的身边……

北宋科学家沈括所著的《梦溪笔谈》卷第十八《技艺》中有段关于"活字鼻祖"毕昇发明活字印刷的文字记载。

其法如下：庆历中，有布衣毕昇，又为活版。其法用胶泥刻字，薄如钱唇，每字为一印，火烧令坚。先设一铁板，其上以松脂蜡和纸灰之类冒之。欲印则以一铁范置铁板上，乃密布字印。满铁范为一板，持就火炀之，药稍熔，则以一平板按其面，则字平如砥。若止印三二本，未为简易；若印数十百千本，则极为神速。常作二铁板，一板印刷，一板已自布字。此印者才毕，则第二板已具。更互用之，瞬息可就。每一字皆有数印，如之、也等字，每字有二十余印，以备一板内有重复者。不用则以纸贴之，每韵为一贴，木格贮之。有奇字素无备

者，旋刻之，以草火烧，瞬息可成。不以木为之者，木理有疏密，沾水则高下不平，兼与药相粘，不可取。不若燔土，用讫再火令药熔，以手拂之，其印自落，殊不沾污。昇死，其印为余群从所得，至今保藏。

北宋毕昇发明的泥活字是总结了历代雕版印刷的丰富的实践经验，经过反复试验，在宋仁宗庆历年间（公元1041—1048年）制成了胶泥活字，是活字的开端。毕昇活字版印刷术的发明，是印刷史上又一伟大的里程碑，它既继承了雕版印刷的某些传统，又开创了新的印刷技术，并影响世界印刷长达近千年之久，进而推动了人类文明的进步历程。活字印刷术是中国人引以为自豪的四大发明之一。

公元15世纪，德国人约翰内斯·古腾堡将当时欧洲已有的多项技术整合在一起，发明了铅字的活字印刷，很快在欧洲传播开来，实质上推进了印刷术形成工业化规模的历史进程。

20世纪初，陈独秀创办《新青年》标志着新文化运动的兴起。陈独秀、李大钊、鲁迅、胡适等人，积极倡导新文学，提倡白话文，商务印书馆、中华书局、开明书店等出版机构相继出现。它们促成西方的制版、印刷及装订技术进入中国。从那以后，毕昇的后人就不得不按照1488年德国人古腾堡的那一套办法：先高温铸出一粒粒的铅字，放在架子上，捡字工人再一粒粒挑拣出需要的铅字，经排版、上墨、转印等工序，使转化到纸张上的铅字最终走进读者手中。这种以火熔铅，以铅铸字，以字排版，以版印刷的方式在近现代中国的印刷行业一直占据了很长时间。

记得1988年我刚到原甘肃人民出版社的时候，装帧编辑室仅有8位同事，做封面设计的美术编辑除了我之外，还有：吴

《藏族情歌选》 甘肃民族出版社（1989.6）

《邱宅大血案》 甘肃人民出版社（1992.12）

《魔狮》 甘肃少年儿童出版社（1988.12）

祯、王占国、姜建华、钟嵘；做版式设计的技术编辑有：杜绮德、陈安庆、马一青。当时的装帧设计是把封面设计和版式设计分成两项工作内容的。这样，就人为地把书籍设计的一个整体分成了两块。封面设计用手工制作后，有锌版印刷（俗称铅印或凸印），也有胶版印刷。所谓胶版印刷的封面，其实就是传统的照相制版，而内文又都是铅版印刷的。版式设计的工作主要是对内文标注字体、字号（俗称剞章子），因为当时的书稿都是作者在稿纸上用手工写作的原稿。做版式设计工作的大多都是从出版科抽调过来的，基本不懂美术。当时的情况必然造成了书籍外观设计与书芯版式设计的严重脱节。所以那个时期的设计也只能是为书穿衣服而已，未将书籍设计看作是一个有生命的整体。这种状况一直持续到上世纪90年代中期，当时全国各出版社的模式大致相同。

那个年代书籍装帧的限制条件是多方面的，如：单一的纸张材料，有限的印刷条件；由于出书成本的核算，又制约着用色的多少。因此大部分铅印图书只做封一的设计，书名请人题写或美编自己书写美术字，书脊的书名和封一的作者名、出版社等文字信息都是交给印刷厂的师傅去排，封底一般不做设计，只有书号和定价。一般一本书要手工绘制好几个色样（又俗称小样），最终按照选定的那个色样再绘制墨稿，颜色要求不超过4色，大多2-3种颜色，印刷是按照色稿的颜色专色逐色进行套印的。因此，美术编辑的工作就显得较为复杂。我刚到出版社的时候，分配给我的一些设计都是不带书脊的铅印图书，这些铅印图书都是老编辑看不上眼的。大部头的精装书、有一定厚度的平装书和胶印书的封面，只有老编辑才有资格设计。吴祯是我们装帧室的主任，资历老、技术精，对材料和印刷工艺了如指掌。所以，资历决定着厚度，精装书基本让他包揽了，他的设计烫金、烫银，压

凸、压凹，安排得协调统一，厚厚的精装书工艺极其复杂，使封面和书脊显得厚重沉着。王占国先生是个多面手，什么类型的书都得心应手，有时寥寥数笔，即呈现出简约而大气的视觉形象。他除了画还靠剪刀加糨糊，贴贴补补达到自己想要的最佳效果。所以，他是一位多产的书籍设计家。姜建华和钟嵘他们比我入道早，又都很有灵气，艺术感觉好。姜建华思维活跃、观念新，他的设计简洁鲜明，飘逸洒脱，给人以舒畅、赏心、悦目的审美感受。钟嵘习惯于使用灰调子和同类色，单纯地追求书籍设计的整体感，她的设计秀美细腻，有书卷气。所以，选题好、发行量大的胶版印刷的图书封面设计他俩做得最多。由于有的图书印数少或其他某种原因，为了节省成本封面只能铅版印刷，而铅印封面的设计不可能像胶印采用照相制版那样随意用色，因此，这些设计有局限又不容易出效果。老编辑看不上眼的图书在那几年的时间里我做了很多，也恰恰是铅印封面用色的限制，在一入行就培养了我概况、提炼的能力和简约的设计手段，把仅有的几个颜色用得巧妙、合理，以少胜多。用有限的色彩设计出理想的封面，使我获益匪浅。

在电子激光照排技术出现之前，图书出版是靠人工码铅字印刷的。铅排车间又黑又脏，又有铅污染，排字师傅手上托着沉重的字盒穿梭于几十排的字架之间，铅字需要用镊子一个一个地拣出来排列好，时间长了手都托不住。一个即使再熟练不过的工人一天也只能排一个版。每一个铅字都需要经过刻模、铸字、上架、捡字、排版、拼版、打样、校对、改版、上版、印刷等一系列繁杂工艺。排好的铅版须"三校定稿"，每次要先安装在打样机上蘸上油墨出一个纸质"毛样"以供校对，校对后必须修改的版面，就会给排字工带来很多麻烦，而这也是工人最头痛的事，为此文字编辑也经常挨排字师傅的骂。如果要删一个字，工人就

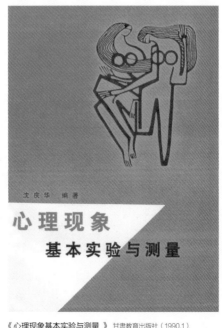

《现代名人楹联》 敦煌文艺出版社（1989.3）　　　　《心理现象基本实验与测量》 甘肃教育出版社（1990.1）　　　　《流浪与梦寻》 甘肃少年儿童出版社（1994.10）

《胆道外科学》甘肃科学技术出版社（1994.10）
获"第六届全国地方科技出版社书籍装帧艺术"二等奖
（1995.6）

《干旱地区农作物需水量及节水灌溉研究》
甘肃科学技术出版社（1992.10）

《大学英语四级考试卷详解》
甘肃科学技术出版社（1993.6）

《西北地区 2000 年科学技术发展战略与对策》
甘肃科学技术出版社（1988.10）
获"西南、西北九省（区）第七届书籍装帧设计观摩评奖会"
封面二等奖（1989）

《泉源》敦煌文艺出版社（1995.10）
获"西南、西北十省（区、市）第十一届书籍装帧设计观
摩评奖会"封面二等奖（1997）

《中国古代小说演变史》敦煌文艺出版社（1990.9）

要用镊子取出须删掉的铅字，然后把所有的铅字向前依次提一个位置，铅版上蘸了油墨，一碰就一手黑。如果要加一个字，麻烦就更大，所有的铅字从头到尾向后推一个位置不说，如果有自然段的间隔还好，修改量不大；可一旦碰到一个长自然段，添一个字要调整很长时间。很多时候，工人只能通过调整标点符号的宽窄挤出要添字的位置，这种方法好是好，但只适合加一两个字的情况，如果添加更多的字，工人就无计可施了，只能把整个自然段重排一遍。排版完成，打样校对，每打一次样，拼版工序的工人就要搬一遍排好的铅版盘。如果一本书是几百页，就意味着一校次打样工人就要一气搬几百盘铅版，工作量之大可以想象。一些有图版的图书得把图制成铅版，得用化学药水烧蚀，再把版与字拼在一起，粘牢，中间空以铅坯、铅条填之。当然这些铅印的图最后都是黑白的。而编辑部门发到印厂的图片付型稿如果是线条的，则都是经过描图工的手工描图，即用鸭嘴笔蘸碳素墨水把作者原稿图描在硫酸纸上，才送去制版。每一次校样校对完成返厂后，拼版工序的工人还要拿着镊子从已拼好的一块块铅版里把错字拣出来，再把正确的字插进铅版中。一般情况下，图书三个校次，一二连校；遇到一些工具书，因为怕校对中改动大而推行倒版，所以头两校或三校是校毛条（不拼版先打样），待基本定版了，才拼版校四五六校。正因为铅印技术条件下拼版和改错都比较麻烦，所以，铅与火时代的编辑只有在编辑加工完成后不再改动的情况下才允许发稿，即所谓的"齐清定"。校对完成签字之后，是拼印刷版，即根据具体印刷机要求把一块块铅版在一个对开幅面或全开幅面里拼成对开版或全开版，然后再打样，做折手检查页码，算是完成拼版。一般情况下，一本十几个印张的书，完成拼版后就是十几套全开或对开的铅版。接下来是打纸型，即现在所谓清样签字付型。打纸型是把特制的特别要求的纸板放在拼好的全开或对开铅版上，放在机器上压，把纸板压成有凹字的纸型，再以纸型为模子浇铅水制成上印刷机的有凸字的很薄的铅版，与今天的PS版功能相同，放在平版印刷机上，印刷前的所有工序才算完成了。

自从计算机的应用，随着照相排版技术和电脑字体的接踵而来，汉字激光排版系统的诞生，印刷业逐步告别"铅与火"的历史，采用电脑输入、排版，用激光制版，进入计算机（电）与激光装置（光）广泛使用的时代。如果我们从古登堡时代的铅活字算起，"铅与火"统治印刷的历史长达600余年；而自上世纪80年代激光扫描技术应用到照相排字机上，"光与电"取代"铅与火"大概也就是维持了30年，直到上世纪90年代，激光照排和胶版印刷术使铅字印刷和铅排工人繁重的手工劳动写入了历史档案。

1987年5月，《经济日报》谨慎而又有章法地开始由铅排向计算机激光照排过渡。经济日报印刷厂拆了铅锅，取消铅排，成为当时全国首家废除铅作业的印刷厂。报纸版面全部采用激光照

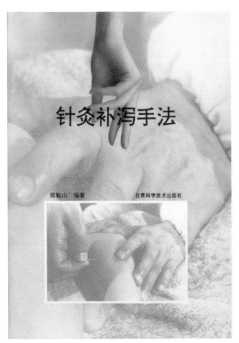

《针灸补泻手法》 甘肃科学技术出版社（1995.7）

《男性形象设计宝典》甘肃人民出版社（1994.8）
获"西北、西南九省（区）第十届书籍装帧设计观摩评奖
会"封面设计 一等奖（1994）

《环湖崩溃》 敦煌文艺出版社（1994.9）

排技术排版印刷，这在当时引起极大轰动。激光照排技术的诞生，使我国在发明了活字印刷术的上千年历史后，实现了中国印刷技术的第二次革命，它意味着中国印刷业告别"铅与火"，迎来"光与电"的新时代。甘肃日报印刷厂在1991年组建了计算机激光照排中心，十几台电脑前坐着十几位身穿白大褂的姑娘，她们纤细的手指在键盘上灵活起落，仿佛正弹奏着美妙的乐曲。上班穿白大褂，干净整洁的工作环境，在印刷厂是最令人羡慕的。随后的几年里又发展出开放式彩色桌面出版系统，告别了传统的电子分色机。

计算机排版很快取代了铅字印刷的主导地位。到了1994年之后，各地印刷厂对铅字的需求越来越少，陆陆续续淘汰了铅字和铅印设备。伴随着快速发展的印刷业，铅字印刷辉煌不再。如今，铅字印刷时代只能成为往昔青春岁月的回忆。

书籍的电脑

《名车广场》陕西旅游出版社（1995.5）

设计在我省起步较晚。记得1994年中科院兰州分院近代物理研究所买了两台电脑，所里有个工程师捣鼓着会用平面设计软件（当时是photoshop3.0图形处理软件），感觉很新鲜，刚好我正在编一本《名车广场》的画册，抱着试试看的心理，第二天找到了这位工程师，在他的热心帮助下，我们用了三天的时间完成了这本书的封面制作。那些天我感到非常兴奋，用电脑制作封面不仅直观，还可随时修改，能做出意想不到的各种效果，感觉太神奇了……1995年6月，在江西庐山召开的"第五届全国地方科技出版社书籍装帧艺术"会上出了件新鲜事：当时的美术编辑无法掌握图形处理软件，而河南科技出版社有个叫离隆安的美术编辑（他是学工科的，做文字编辑工作，因为喜欢书籍设计，就转行做美术编辑）却用电脑设计出《装饰工程设计施工预算实用手册》，于是引起了不小的震动。以后兰州就陆续有了几家电脑公司，由于电脑制作的普及，美术编辑从此就告别了靠手工绘制封面的历史。电脑设计的应用，取代了以往旧的工作模式，压缩了工作程序。电脑技术也使印刷工艺有了彻底的变革，实现了书刊印制的简捷、快速、高效，大大缩短了出书周期。从photoshop5.0图形处理软件开始，美术编辑陆续都掌握了电脑操作技术。电脑排版、电脑设计的直观便捷，使美术编辑逐渐参与到了版面的设计之中，装帧设计也就成为了美术编辑的工作常态。

我们从铅与火的手工时代，到照相制版、电分制版、激光照排，最终都被电脑技术在出版中的应用所取代。出版印刷业告别了"铅与火"，实现了"光与电"，以至"数字化"的历史性跨越和发展。

读者出版传媒股份有限公司 编审 徐晋林
我们把《读者》看成一个人

历年获奖

1. 全国奖

《飞碟探索》杂志 1990 第 3 期
获"全国期刊展览"整体设计三等奖（1990.9）

《食品雕刻的奇葩》甘肃科学技术出版社（1993.2）
获"第五届全国地方科技出版社书籍装帧艺术"二等奖（1993.10）

《飞碟探索丛书》甘肃科学技术出版社（1993.2）
获"第五届全国地方科技出版社书籍装帧艺术"二等奖（1993.10）

《胆道外科学》甘肃科学技术出版社（1994.10）
获"第六届全国地方科技出版社书籍装帧艺术"二等奖（1995.6）

《藏密心要十讲》甘肃民族出版社（1998.6）
获"首届中国设计艺术大展"书籍装帧一等奖（1998.9）

《陇文化丛书》甘肃教育出版社（1999.7）
获"第五届全国书籍装帧艺术展"铜奖（1999.10）
获"第十二届中国图书奖"（2000）

《藏族文化发展史》甘肃教育出版社（2001.4）
获中宣部第八届精神文明建设"五个一工程·一本好书"奖（2001.9）

《三礼研究论著提要》甘肃教育出版社（2001.12）
获"第十三届中国图书奖"（2002）

《西藏教育五十年》甘肃教育出版社（2002.8）
获"第六届全国书籍装帧艺术展览暨评奖"整体设计优秀作品奖（2004.12）

《敦煌学研究丛书》甘肃教育出版社（2002.9）
获"第六届全国书籍装帧艺术展览暨评奖"装帧设计铜奖（2004.12）
获"第十四届中国图书奖"（2004）

《藏译文化名著丛书》甘肃民族出版社（2002.12）
获"第六届全国书籍装帧艺术展览暨评奖"整体设计优秀作品奖（2004.12）

《西北行记丛萃》甘肃人民出版社（2003.8）
获"第六届全国书籍装帧艺术展览暨评奖"整体设计优秀作品奖（2004.12）

《唐宋八大家文选》甘肃教育出版社（2004.4）
获"第六届全国书籍装帧艺术展览暨评奖"封面设计优秀作品奖（2004.12）

甘肃装帧艺术工作委员会
获"第六届全国书籍装帧艺术展览暨评奖"组织奖（2004.12）

《国际敦煌学丛书》甘肃教育出版社（2004.12）
获"首届中华优秀出版物（图书）奖"（2006）

《老子别解》甘肃教育出版社（2007.1）
获"第七届全国书籍设计艺术展"优秀书籍设计奖（2009.10）

《伯希和敦煌石窟笔记》甘肃人民出版社（2007.9）
获第二届"中华优秀出版物（图书）提名奖"（2008）

《走近敦煌丛书》甘肃教育出版社（2007.12）
获"第二届中华优秀出版物图书奖"（2008.12）

甘肃教育出版社

在"第七届全国书籍设计艺术展"入选书籍设计出版单位百家排行榜（2009.10）

《敦煌石窟艺术研究》甘肃人民出版社（2007.8）
获"第七届全国书籍设计艺术展"优秀书籍设计奖（2009.10）

《敦煌石窟保护与建筑》甘肃人民出版社（2007.9）
获"第七届全国书籍设计艺术展"优秀书籍设计奖（2009.10）

《回族典藏全书》甘肃文化出版社 宁夏人民出版社（2008.8）
获"第七届全国书籍设计艺术展"优秀书籍设计奖（2009.10）
获第三届"中华优秀出版物（图书）奖"（2010）

《北魏政治史》甘肃教育出版社（2008.10）
获"第三届中华优秀出版物图书提名奖"（2010.12）

《读稿笔记》甘肃教育出版社（2011.4）
获"首届华文出版物艺术设计大赛"优秀奖（2012.1）

《甘肃石窟志》甘肃教育出版社（2011.12）
获第四届"中华优秀出版物奖图书提名奖"（2012）

2. 大区奖

《西北地区 2000 年科学技术发展战略与对策》甘肃科学技术出版社（1988.10）
获"西南、西北九省（区）第七届书籍装帧设计观摩评奖会"封面二等奖（1989）

《鄂尔多斯盆地西缘掩冲带构造与油气》甘肃科学技术出版社（1990.9）
获"西北、西南九省（区）第八届书籍装帧设计观摩评奖会"封面三等奖（1991）

《新编世界古代史》甘肃人民出版社（1991.9）
获"西南、西北九省（区）第九届书籍装帧设计观摩评奖会"封面三等奖（1992）

《意念致动研究》甘肃科学技术出版社（1992.7）
获"西南、西北九省（区）第九届书籍装帧设计观摩评奖会"封面三等奖（1992）

《敦煌脐密梦谈》甘肃科学技术出版社（1994.4）
获"西北、西南九省（区）第十届书籍装帧设计观摩评奖会"封面设计三等奖（1994）

《男性形象设计宝典》甘肃人民出版社（1994.8）
获"西北、西南九省（区）第十届书籍装帧设计观摩评奖会"封面设计一等奖（1994）

《泉源》敦煌文艺出版社（1995.10）
获"西南、西北十省（区、市）第十一届书籍装帧设计观摩评奖会"封面二等奖（1997）

《名车天地》甘肃人民美术出版社（1996.5）
获"西南、西北十省（区、市）第十一届书籍装帧设计观摩评奖会"版式设计三等奖（1997）

《甘肃窟塔寺庙》甘肃教育出版社（1999.9）
获"中国西部十省、区、市第十二届书籍装帧艺术观摩评奖会"封面设计二等奖（2000）

《藏医十八分支》甘肃民族出版社（1999.11）
获"中国西部十省、区、市第十二届书籍装帧艺术观摩评奖会"封面设计二等奖（2000）

《时代风云录——我半生亲历的故事》甘肃教育出版社（1999.12）
获"中国西部十省、区、市第十二届书籍装帧艺术观摩评奖会"封面设计一等奖（2000）

《古代家书精华》甘肃教育出版社（2001.5）
获"中国西部十省、区、市第十三届书籍装帧艺术观摩评奖会"封面设计一等奖（2002）

《中共党史史学史》甘肃人民出版社（2001.6）
获"中国西部十省、区、市第十三届书籍装帧艺术观摩评奖会"整体设计二等奖（2002）